Imagine Infinite!

창의영재수학

아이앤아이

영재들의
수학여행

키즈 **G** 워크북
6세 7세 초1

KB013409

창의영재수학

아이 앤 아이

01 수학 여행 테마로 수학 사고력 활동을 자연스럽게 이어갈 수 있도록 하였습니다.

02 키즈 – 입문 – 초급 – 중급 – 고급으로 이어지는 단계별 창의 영재 수학 학습 시리즈입니다.

03 각 챕터마다 기초 – 심화 – 응용의 문제 배치로 쉬운 것부터 차근차 근 문제해결력을 향상시킵니다.

04 각종 수학 사고력, 창의력 문제, 지능검사 문제, 대회 기출 문제 등을 체계적으로 정밀하게 다듬어 정리하였습니다.

05 과학, 음악, 미술, 영화, 스포츠 등에 관련된 융합형(STEAM)수학 문 제를 흥미롭게 다루었습니다.

06 단계적 학습으로 창의적 문제해결력을 향상시켜 영재교육원에 도전 해 보세요.

창의영재가 되어볼까?

교재 구성

	A(수)	B(연산)	C(도형)	D(측정)	E(규칙)	F(문제해결력)	G(워크북)
키즈 (6세 7세 초1)	수와 숫자 수 비교하기 수 규칙 수 퍼즐	가르기와 모으기 덧셈과 뺄셈 식 만들기 연산 퍼즐	평면도형 입체도형 위치와 방향 도형 퍼즐	길이와 무게 비교 넓이와 들이 비교 시계와 시간 부분과 전체	패턴 이중 패턴 관계 규칙 여러 가지 규칙	모든 경우 구하기 분류하기 표와 그래프 추론하기	수 연산 도형 측정 규칙 문제해결력

	A(수와 연산)	B(도형)	C(측정)	D(규칙)	E(자료와 가능성)	F(문제해결력)	G(워크북)
입문 (초1~3)	수와 숫자 조건에 맞는 수 수의 크기 비교 합과 차 식 만들기 벌레 먹은 셈	평면도형 입체도형 모양 찾기 도형 나누기와 움직이기 쌓기나무	길이 비교 길이 재기 넓이와 들이 비교 무게 비교 시계와 달력	수 규칙 여러 가지 패턴 수 배열표 암호 새로운 연산 기호	경우의 수 리그와 토너먼트 분류하기 그림 그려 해결하기 표와 그래프	문제 만들기 주고 받기 어떤 수 구하기 재치있게 풀기 추론하기 미로와 퍼즐	수와 연산 도형 측정 규칙 자료와 가능성 문제해결력

	A(수와 연산)	B(도형)	C(측정)	D(규칙)	E(자료와 가능성)	F(문제해결력)
초급 (초3~5)	수 만들기 수와 숫자의 개수 연속하는 자연수 가장 크게, 가장 작게 도형이 나타내는 수 마방진	색종이 접어 자르기 도형 붙이기 도형의 개수 쌓기나무 주사위	길이와 무게 재기 시간과 들이 재기 덮기와 넓이 도형의 둘레 원	수 패턴 도형 패턴 수 배열표 새로운 연산 기호 규칙 찾아 해결하기	가짓수 구하기 리그와 토너먼트 금액 만들기 가장 빠른 길 찾기 표와 그래프(평균)	한붓 그리기 논리 추리 성냥개비 다른 방법으로 풀기 간격 문제 배수의 활용

	A(수와 연산)	B(도형)	C(측정)	D(규칙)	E(자료와 가능성)	F(문제해결력)
중급 (초4~6)	복면산 수와 숫자의 개수 연속하는 자연수 수와 식 만들기 크기가 같은 분수 여러 가지 마방진	도형 나누기 도형 붙이기 도형의 개수 기하판 정육면체	수직과 평행 다각형의 각도 접기와 각 붙여 만든 도형 단위 넓이의 활용	규칙성 찾기 도형과 연산의 규칙 규칙 찾아 개수 세기 교점과 영역 개수 수 배열의 규칙	경우의 수 비둘기집 원리 최단 거리 만들 수 있는, 없는 수 평균	논리 추리 님 게임 강 건너기 창의적으로 생각하기 효율적으로 생각하기 나머지 문제

	A(수와 연산)	B(도형)	C(측정)	D(규칙)	E(자료와 가능성)	F(문제해결력)
고급 (초6~중등)	연속하는 자연수 배수 판정법 여러 가지 진법 계산식에 써넣기 조건에 맞는 수 끝수와 숫자의 개수	입체도형의 성질 쌓기나무 도형 나누기 평면도형의 활용 입체도형의 부피, 겉넓이	시계와 각도 평면도형의 활용 도형의 넓이 거리, 속력, 시간 도형의 회전 그래프 이용하기	암호 해독하기 여러 가지 규칙 여러 가지 수열 연산 기호 규칙 도형에서의 규칙	경우의 수 비둘기집 원리 입체도형에서의 경로 영역 구분하기 확률	홀수와 짝수 조건 분석하기 다른 질량 찾기 뉴튼산 작업 능률

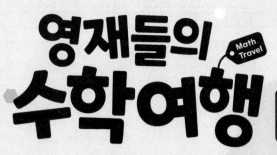

영재들의 수학여행

Math Travel

키즈 **G** 워크북
6세 7세 초1

아이앤아이 영재들의 수학여행 G 워크북 **WORK BOOK** 의 특징

✚ 키즈 A ~ F의 추가 학습 문제를 담았습니다.

✚ 소단원별로 8 ~ 10문항, 각 대단원 당 40 ~ 50문항의 문제로 구성되어 있습니다.

✚ 보충학습 | 과제에 활용하세요.

차례
CONTENTS

키즈 **G** 워크북
6세 7세 초1

영재들의 수학여행

Math Travel

키즈 **G** 워크북

6세 7세 초1

수와 숫자를
공부하러
가는 중!

A 수와 숫자

수와 숫자

01 각 주머니에는 얼마씩 있을까요?

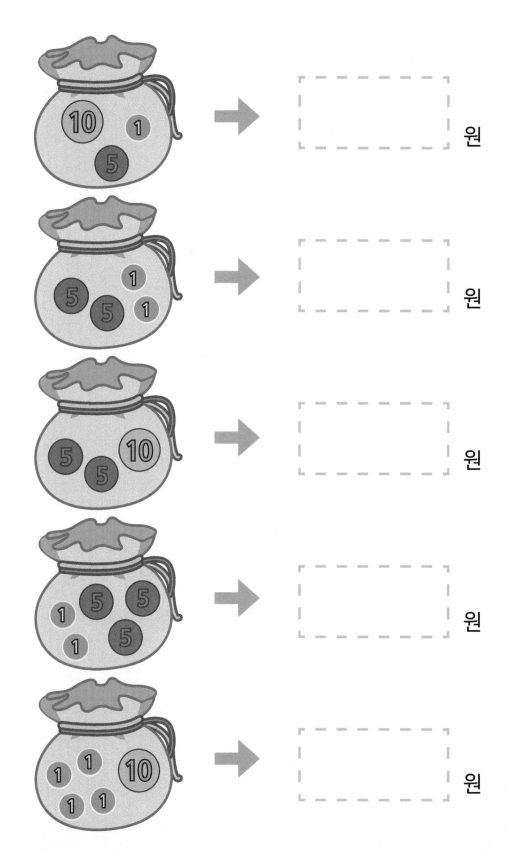

02 〈보기〉에서 네 명의 친구들 중 14를 읽는 방법이 다른 사람은 누구일까요?

> **보기**
>
> 상상 : 우리 집은 14층이야!
>
> 무우 : 학교에 갈 때는 마을 버스 14번을 타야 해!
>
> 알알 : 방학 동안 나는 14권의 책을 읽었어!
>
> 제이 : 이 씨앗은 14일 동안 물을 주면 새싹이 나온대.

03 울타리 안에 있는 꽃 모양과 색깔별 개수를 각각 적어보세요.

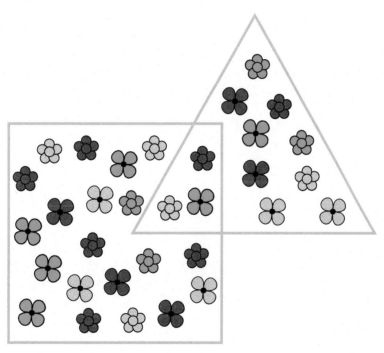

색깔 ➡ :   개   :   개   :   개

⬜ 모양 ➡ 🏵 :   개   ❀ :   개

🔺 모양 ➡ 🏵 :   개   ❀ :   개

01 DAY 수와 숫자

04 아래 책상과 같이 숫자 카드 순서대로 놓았습니다. 주어진 질문에 알맞은 대답을 하세요.

(1) 책상 위에는 숫자 카드 **0** 부터 **20** 까지 21장 중 어떤 숫자 카드 2장이 없습니다. 두 숫자 카드는 각각 무엇일까요?

와

(2) 숫자 0이 들어간 숫자 카드는 모두 몇 장일까요?

(3) 숫자 1이 들어간 숫자 카드는 모두 몇 장일까요?

05 4명의 친구들이 길을 따라가며 별사탕을 가져갑니다. 각자 주머니에 담는 별 사탕의 개수를 적어보세요.

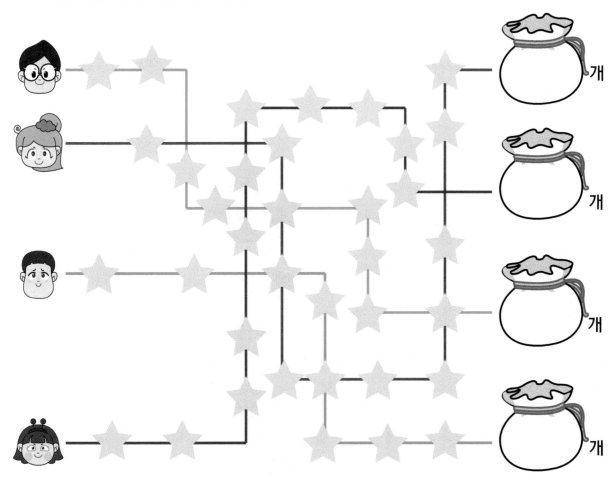

개

개

개

개

06 주어진 수가 되도록 알맞은 ☆을 더 그려 보세요.

십구

열다섯

열셋

이십

수 비교하기

권장풀이시간 : 30분

01 〈보기〉와 같이 빨간색과 파란색 주머니에 각각 숫자 카드를 넣으면 일정하게 수가 커지거나 작아져서 나옵니다. 알맞은 숫자 카드를 적어보세요.

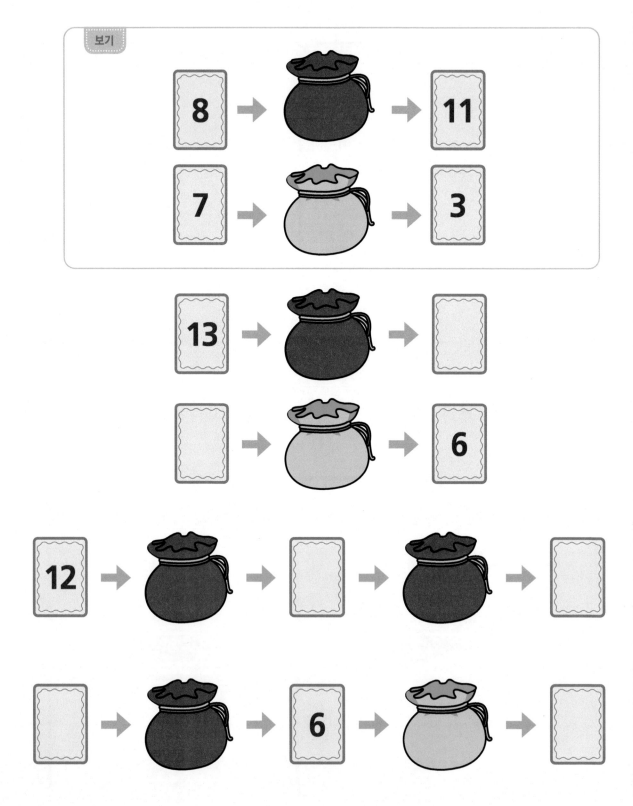

02 〈보기〉에서 수 비교를 잘못 말한 것을 올바르게 고쳐보세요.

> 보기
>
> 상상 : 15보다 20이 더 작아!
>
> 무우 : 17보다 크고 20보다 작은 수는 18뿐이야!
>
> 알알 : 9, 8, 7 중 가장 큰 수는 7이야!
>
> 제이 : 14보다 5큰 수는 20이야!

03 무우, 상상, 알알이 세 명이서 똑같은 개수로 과일을 나눠 가질 수 있는 주머니에 ☆ 표시하세요.

(   )   (   )

(   )   (   )

수 비교하기

04 무우는 짝수가 적힌 돌로만 건너고, 제이는 1부터 시작해서 3칸씩 돌을 건넙니다. 무우와 제이가 둘 다 밟는 돌은 모두 몇 개일까요?

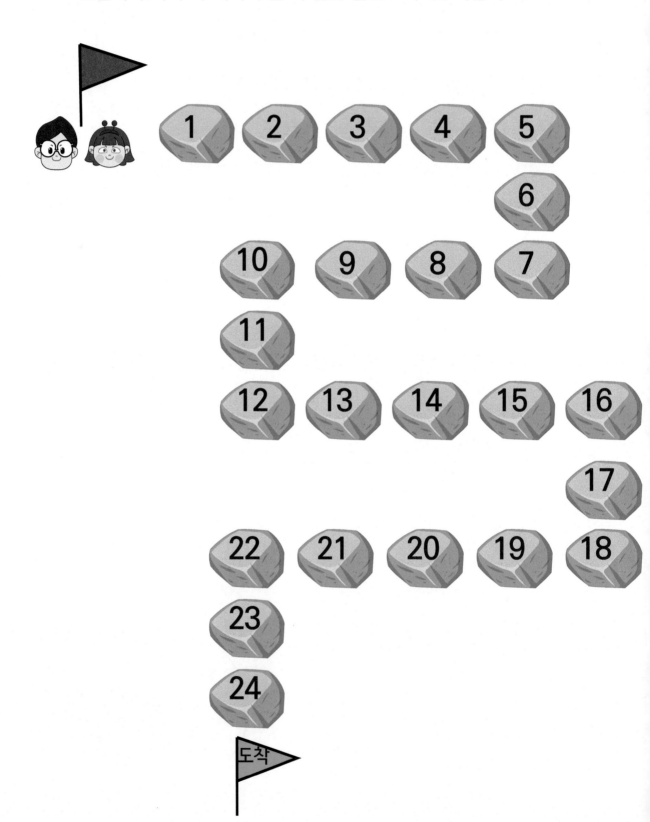

05 아래 책상 위에 놓인 숫자 카드를 보고 주어진 질문에 알맞은 수를 적어보세요.

- 숫자 카드 [7] 보다 크고 [16] 보다 작은 수가 적힌 숫자 카드 는 모두 몇 장인가요?

06 〈보기〉에 적힌 숫자를 각 주머니에 알맞게 적어보세요.

> **보기**
>
> 17, 5, 8, 11, 15, 19, 20, 13, 1, 6, 10, 12

6 보다 큰 홀수

20 보다 작은 짝수

수 규칙

01 규칙적으로 수 배열표에 수를 적을 때, 빈칸에 알맞은 수를 써 넣어 보세요.

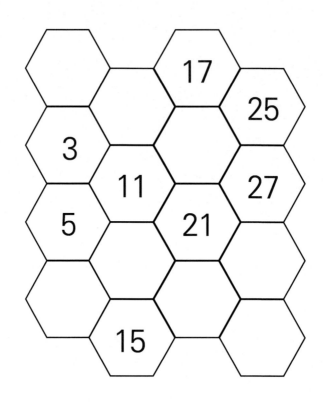

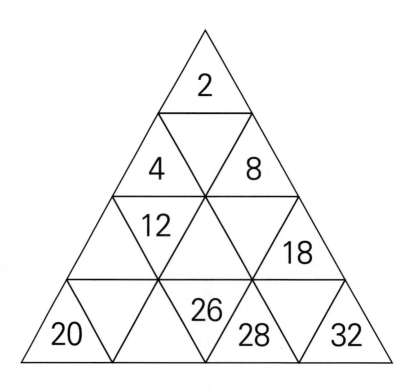

02 수 배열표에서 색칠된 칸의 규칙을 찾아 알맞은 칸에 같은 색으로 색칠해 완성하세요.

3	4	5	6	7	8	9	10
11	12	13	14	15	16	17	18
19	20	21	22	23	24	25	26

30	29	28	27	26	25	24	23	22
21	20	19	18	17	16	15	14	13
12	11	10	9	8	7	6	5	4

03 무우와 상상이가 여행을 가는 날짜는 각각 몇 월 몇 일일까요?

6월과 10월 사이의 짝수 달이고, 10일부터 20일 중 가장 큰 홀수인 날짜에 여행을 가!

3월과 7월 사이의 홀수 달이고, 15일부터 30일 중 가장 작은 짝수인 날짜에 여행을 가!

수 규칙

04 무우와 알알이가 수 알아맞히기 게임을 하고 있습니다. 마지막 질문을 통해 무우는 수를 맞히려고 합니다. 빈칸에 들어갈 알맞은 질문을 찾으세요.

40보다 큰 수야 ? — 아니

30보다 큰 수야 ? — 응

35보다 작은 수야 ? — 응

똑같은 숫자가 2번 들어가 ? — 아니

_____ — 응

ㄱ 그 수는 홀수야 ? ㄴ 그 수는 짝수야 ?

ㄷ 31보다 큰 수야 ? ㄹ 34보다 작은 수야 ?

05 규칙적으로 수 배열표에 수를 적을 때, 빈칸에 알맞은 수를 써넣어 보세요.

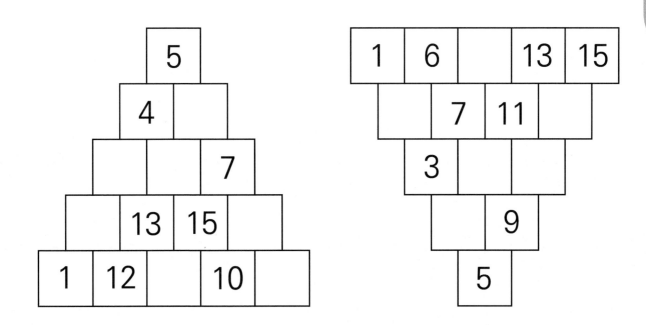

06 8월 달력의 일부가 파란색 페인트가 흘려서 보이지 않습니다. 보이지 않는 칸에 알맞은 수를 적어보세요. (단, 8월은 31일까지 있습니다.)

8월

월	화	수	목	금	토	일
		1	2	3	4	5
6	7	8	9	10	11	12
13			16	17	18	

수 퍼즐

01 ○ 안의 수는 ○와 연결된 선의 개수를 나타냅니다. ○ 안의 수에 알맞게 점선을 따라 두꺼운 선으로 그려보세요.

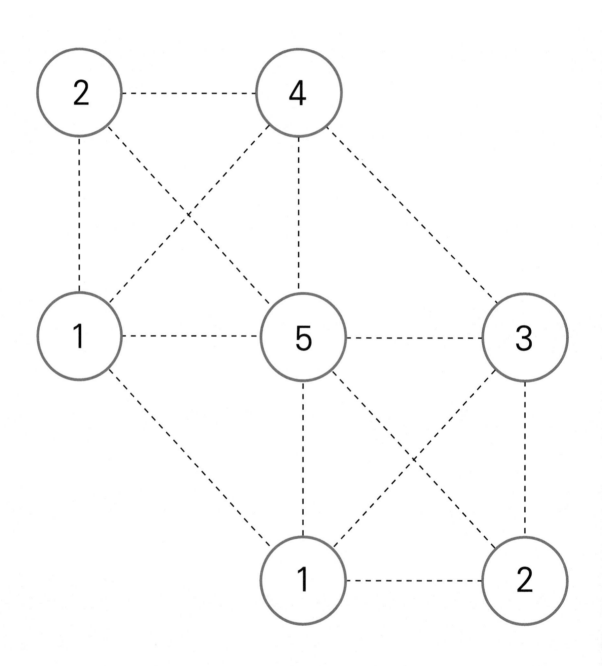

02 무우가 모든 칸을 한 번씩 지나 도착할 수 있도록 적혀있는 1부터 5까지 수를 순서대로 연결하세요.

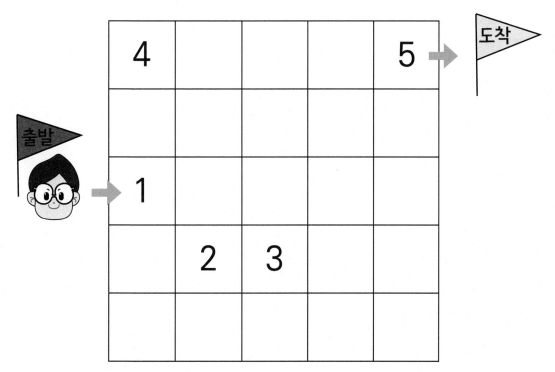

03 ○ 안의 수만큼 각 줄의 칸에 연속해서 색칠하려고 합니다. 빈칸에 알맞게 색칠해 노노그램을 완성해 보세요.

수 퍼즐

권장풀이시간 : 30분

04 〈보기〉와 같이 ○ 안의 수를 순서대로 선으로 연결하려고 합니다. ○ 안에 3, 4, 5를 각각 써서 1부터 6까지 순서대로 화살표를 그려보세요.

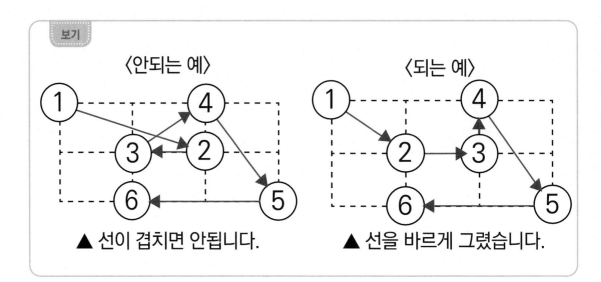

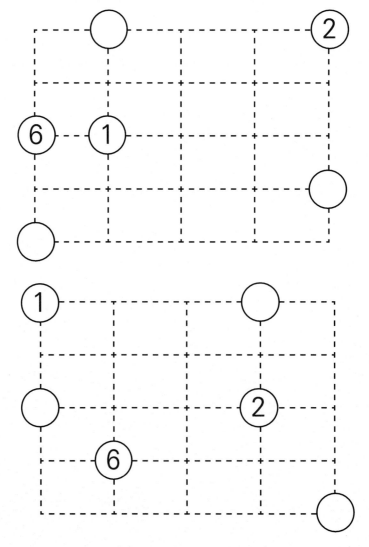

05 ○ 안의 수는 ○이 연결된 선의 개수를 나타냅니다. 3개의 선을 더 그어 수 퍼즐을 완성하세요. (단, 같은 ○를 선으로 두 번 연결할 수 없습니다.)

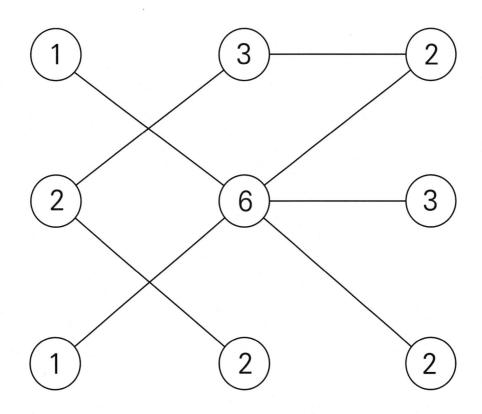

06 〈보기〉의 조건에 맞게 1부터 5까지 수를 각각 빈칸에 한 번씩 써넣어 수 퍼즐을 완성하려고 합니다. 완성할 수 있는 수 퍼즐은 모두 몇 개인지 구하세요.

보기
1. 1과 2은 한 칸 떨어져 있습니다.
2. 5와 3 사이에는 숫자가 3개 있습니다.

영재들의 **수학여행** *Math Travel* 키즈 **G** 워크북
6세 7세 초1

연산 퍼즐은 무엇일까?

B 연산

가르기와 모으기

권장풀이시간 : 30분

01 〈보기〉의 숫자 카드로 5와 7을 각각 가르기 했을 때, 빈칸에 알맞은 숫자 카드를 써넣으세요. (단, 숫자 카드를 여러 번 사용할 수 있습니다.)

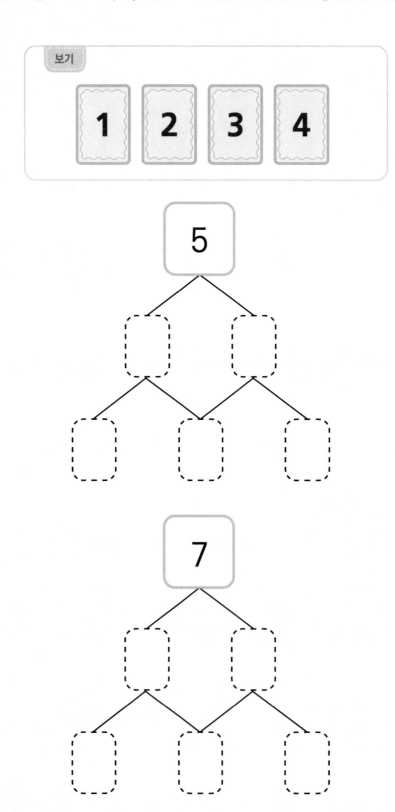

02 네 명의 친구들이 9를 가르기 한 것에 대해 말했습니다. 잘못 말한 친구를 찾으세요.

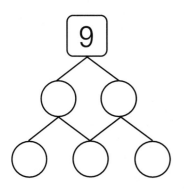

무우 : ○ 안에는 1이 들어갈 수 있어!

제이 : ○ 안에는 5가 들어갈 수 있어!

알알 : ○ 안에는 8이 들어갈 수 있어!

상상 : ○ 안에는 10이 들어갈 수 없어!

03 가로와 세로 칸에 있는 구슬의 개수를 각각 모으기 하면, △ 안에 적힌 수가 됩니다. 빈칸에 알맞은 구슬의 개수만큼 ○를 그려 넣고 △ 안에 알맞은 수를 적으세요.

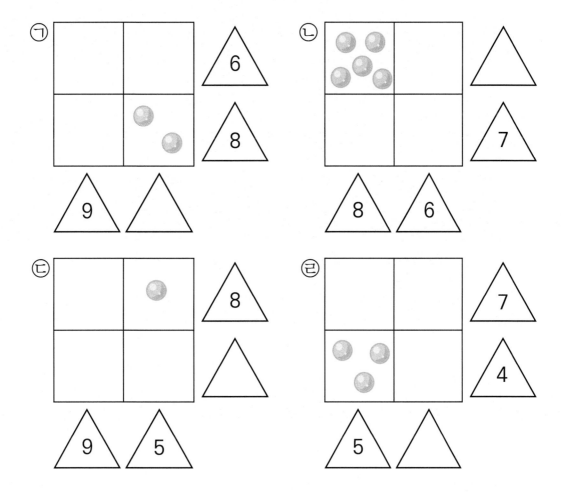

05 DAY

가르기와 모으기

04 〈보기〉는 도형이 겹친 부분의 수는 각 도형의 수를 모으기 한 것입니다. 4개의 도형이 겹쳐 있을 때, 빈칸에 알맞은 수를 써넣으세요.

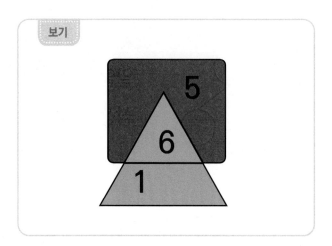

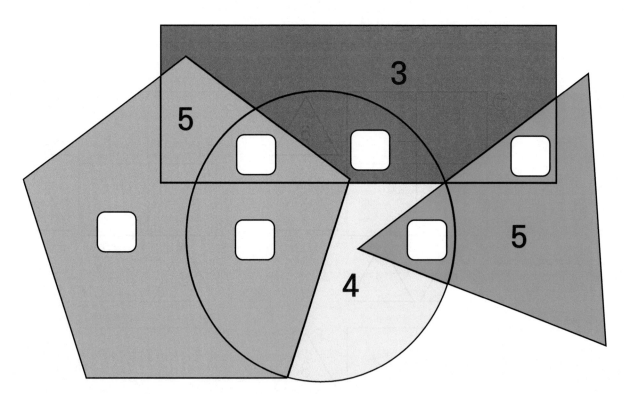

05 〈보기〉와 같이 세 수를 묶어 모으기 했을 때, 10이 되는 경우를 주어
진 그림에서 모두 찾아 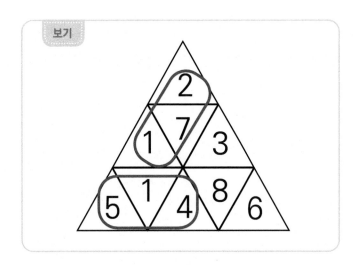 으로 묶으세요.

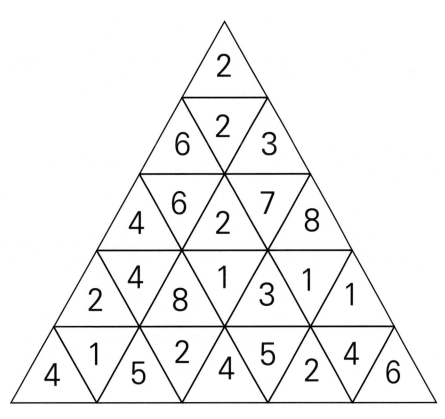

덧셈과 뺄셈

01 〈보기〉의 숫자 카드를 여러 번 사용할 때, 세 장의 숫자 카드의 합이 10이 되는 경우를 모두 찾아 빈칸에 알맞은 수를 적으세요.

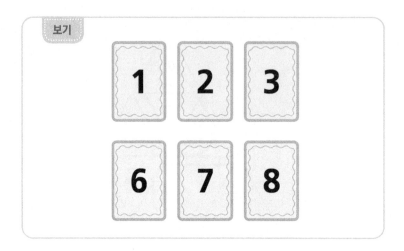

보기

| 1 | 2 | 3 |
| 6 | 7 | 8 |

☐ + ☐ + ☐ = 10

☐ + ☐ + ☐ = 10

☐ + ☐ + ☐ = 10

☐ + ☐ + ☐ = 10

02 겹치지 않게 두 수의 덧셈 또는 뺄셈이 파란색 사각형 안의 수가 되도록 선으로 연결하세요.

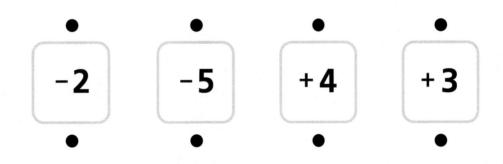

덧셈과 뺄셈

권장풀이시간 : 30분

03 무우, 상상, 알알이가 각자 사다리를 타면서 지나간 깃발에 적힌 수를 모두 더해서 각각 빈칸에 적으세요.

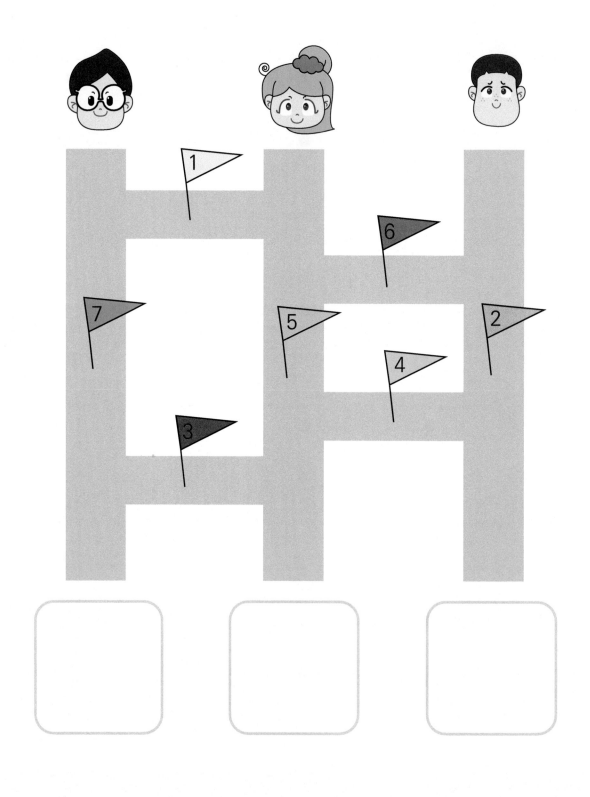

04 〈보기〉의 숫자 카드를 한 번씩 사용하여 가로 또는 세로에 놓인 세 수의 합이 14가 되도록 알맞은 수를 써넣으세요.

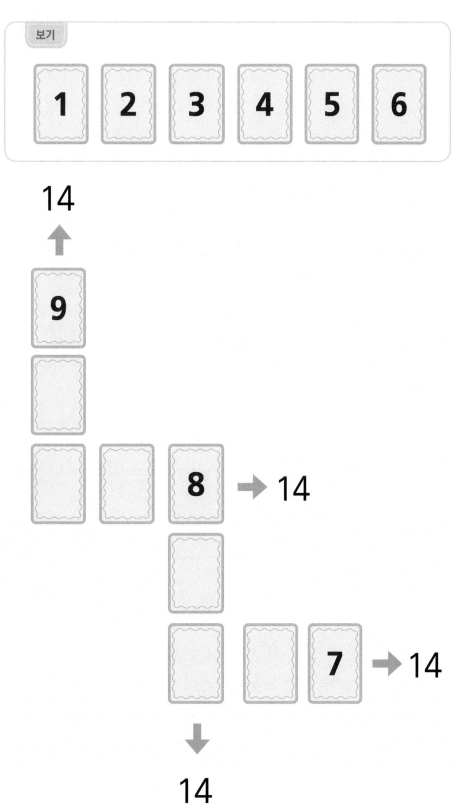

권장풀이시간 : 30분

식 만들기

01 주어진 물음에 알맞게 □를 찾을 수 있는 덧셈식 또는 뺄셈식을 적고 □ 안에 들어갈 수를 구하세요.

물음 1 . 첫 번째 화살에 5점을 얻고 두 번째 화살에 □점을 얻 었습니다. 두 화살의 총 합은 12점입니다.

식 : _____   답 : _____ 점

물음 2 . 무우는 □점에서 4점을 **빼야할** 것을 잘못 계산하여 4 점을 더해서 12점이 되었습니다.

식 : _____   답 : _____ 점

물음 3 . 무우는 7개의 사탕 중 2개를 먹고 제이한테 □개의 사 탕을 받았더니 무우가 가지고 있는 사탕은 총 10개가 되 었습니다.

식 : _____   답 : _____ 개

물음 4 . 제이는 가지고 있던 연필 8자루 중 □자루를 알알이한 테 주고 3자루의 연필을 상상이한테 받았더니 제이가 가지고 있는 연필은 총 6자루가 되었습니다.

식 : _____   답 : _____ 자루

02 □에 들어가는 수가 가장 큰 수부터 차례대로 기호를 적으세요.

ㄱ
$$9 - \boxed{} = 4$$

ㄴ
$$11 + \boxed{} = 15$$

ㄷ
$$\boxed{} + 3 = 11$$

ㄹ
$$\boxed{} - 2 = 9$$

B
연산

03 〈보기〉의 대화 내용은 두 접시 위에 과일을 보고 식 세우기를 한 것입니다. 식 세우기가 잘못된 부분을 찾아 바르게 고치세요.

보기

 상상 : 두 접시에 놓인 사과의 개수는 3 + 2 = 5개야!

 무우 : 두 접시에 놓인 사과는 수박보다 4 − 1 = 3개 더 많아!

 알알 : 두 접시에 놓인 바나나 개수의 차는 2 + 4 = 6개야!

 제이 : 왼쪽 접시에 놓인 과일은 오른쪽 접시에 놓인 과일보다 8 + 7 = 15개 더 많아!

식 만들기

04 〈보기〉와 같이 숫자 카드를 한 번씩 모두 사용해서 두 수의 합과 차를 적으세요.

보기

⑤ ⑥ ⑦ ⑧

⑦ − ⑤ = ⑧ − ⑥ = 2   ⑤ + ⑧ = ⑥ + ⑦ = 13

① ④ ⑥ ⑨

◯ − ◯ = ◯ − ◯ =   ◯ + ◯ = ◯ + ◯ =

③ ⑥ ⑦ ⑩

◯ − ◯ = ◯ − ◯ =   ◯ + ◯ = ◯ + ◯ =

⑧ ② ③ ⑨

◯ − ◯ = ◯ − ◯ =   ◯ + ◯ = ◯ + ◯ =

⑤ ④ ⑧ ①

◯ − ◯ = ◯ − ◯ =   ◯ + ◯ = ◯ + ◯ =

⑪ ⑤ ⑦ ⑨

◯ − ◯ = ◯ − ◯ =   ◯ + ◯ = ◯ + ◯ =

05 빈칸에 들어갈 수가 서로 같은 식끼리 연결하세요.

$11 -$ ⬜ $= 5$ ●

● $8 -$ ⬜ $= 3$

$4 +$ ⬜ $= 12$ ●

● $2 +$ ⬜ $= 11$

$5 +$ ⬜ $= 16$ ●

● ⬜ $+ 2 = 8$

⬜ $+ 4 = 9$ ●

● ⬜ $- 5 = 3$

⬜ $- 6 = 3$ ●

● ⬜ $- 7 = 4$

권장풀이시간 : 30분

연산 퍼즐

01 빈칸의 수를 지워 가로줄과 세로줄의 합이 △ 안의 수가 되도록 할 때, 지워야 하는 수에 × 표시하고 △ 안에 알맞은 수를 적으세요.

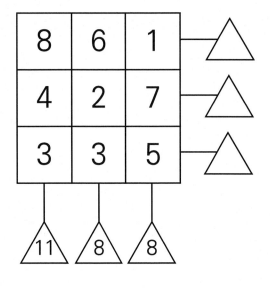

02 각 과일은 3부터 6까지 수 중 하나를 나타냅니다. 〈보기〉의 식을 보고 각 과일이 나타내는 수를 적으세요.

보기

🍉 + 🍌 = 9

🍑 + 🍌 = 10

🍑 − 🍉 = 1

🍇 − 🍉 = 2

🍉 = ＿＿＿＿　　　　🍑 = ＿＿＿＿

🍌 = ＿＿＿＿　　　　🍇 = ＿＿＿＿

03 성냥개비 1개를 옮겨서 올바른 식으로 만드세요. (단, = 은 건드리지 않습니다.)

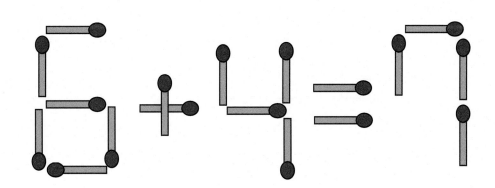

연산 퍼즐

04 △ 안의 수는 가로줄과 세로줄의 도형이 나타내는 수의 합입니다. 같은 도형은 같은 수를 나타낼 때, △ 안에 알맞은 수를 적으세요.

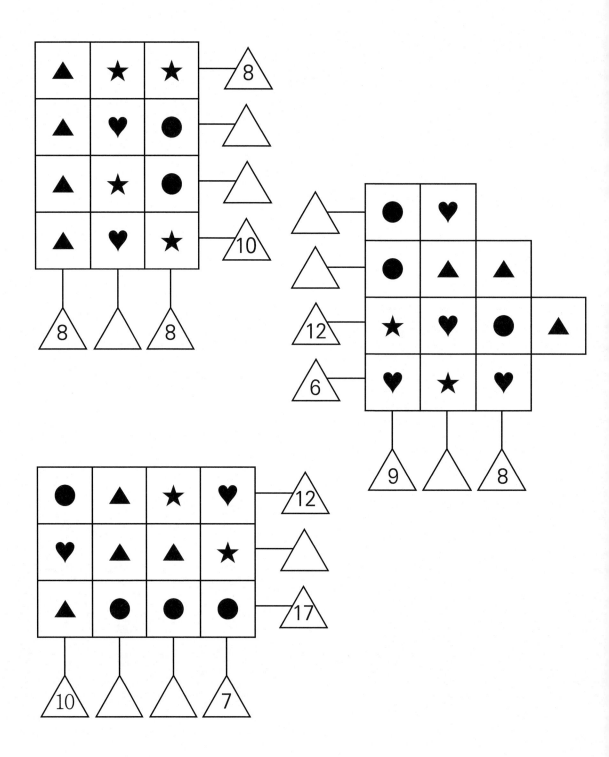

05 〈보기〉의 8장의 숫자 카드를 한 번씩 사용해서 매트릭스 퍼즐을 완성하려고 합니다. 빈칸에 알맞은 숫자 카드를 써넣으세요.

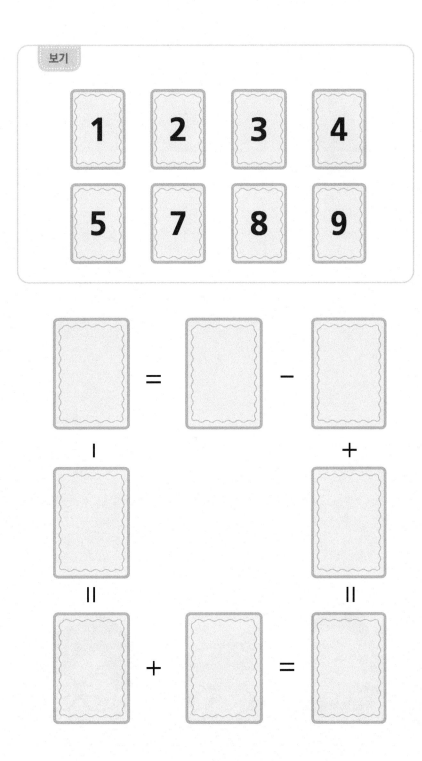

C 도형

평면도형

01 왼쪽 모양을 만드는 데 필요한 조각을 모두 찾아 ○ 표시를 해보세요.

(1)

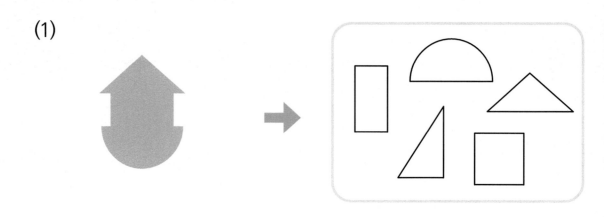

(2)

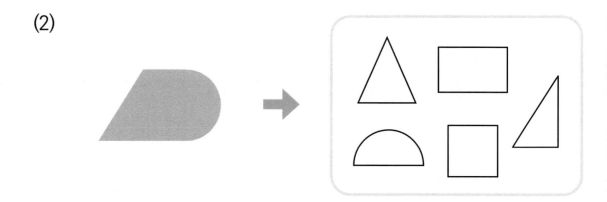

(3)

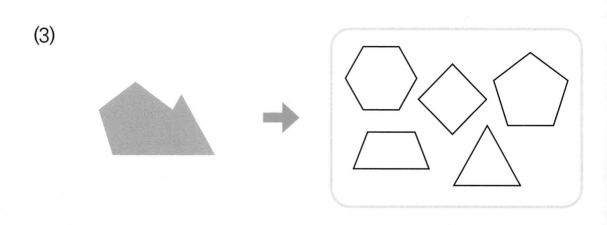

02 거울에 비친 모습으로 알맞지 않은 부분에 ○ 표시를 해보세요.

(1)

(2)

(3)

권장풀이시간 : 30분

평면도형

03 아래와 같이 두 장의 투명 종이를 그대로 겹쳤을 때, 색칠되지 않는 칸의 개수는 모두 몇 개일까요? 알맞은 그림을 그려서 구해 보세요.

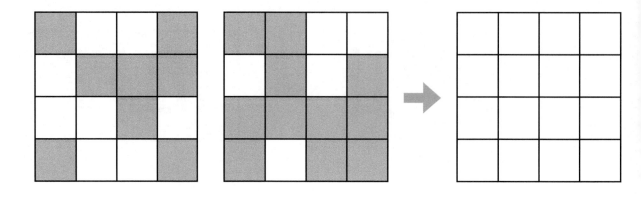

04 점선을 따라 모양을 잘랐을 때 나오는 조각을 모두 찾아 ○ 표시를 해보세요.

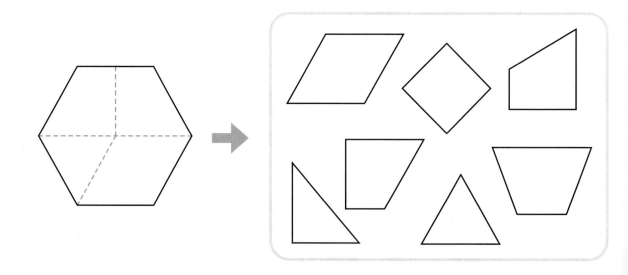

05 종이를 반으로 접은 다음 그림에 맞게 잘랐습니다. 잘린 종이를 펼친 모양으로 알맞은 것끼리 연결해 보세요.

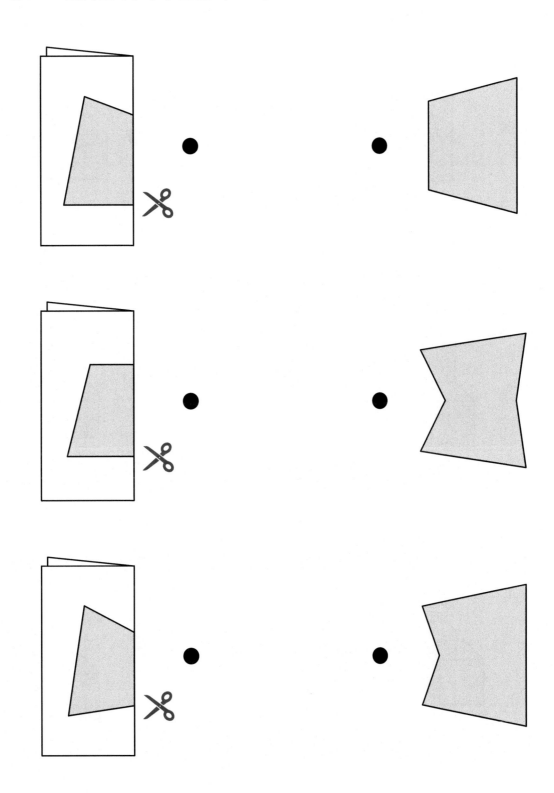

입체도형

01 똑같은 개수로 만든 입체도형끼리 선으로 연결해 보세요.

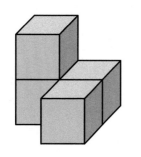 ● ●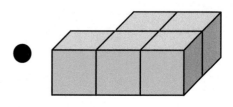

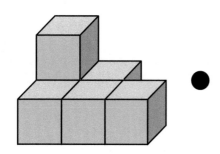 ● ●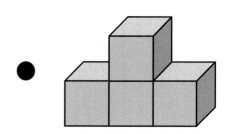

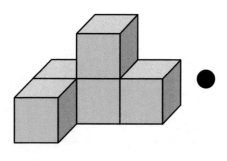 ● ●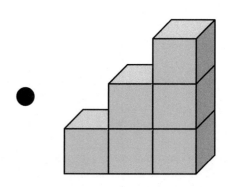

02 〈보기〉의 모양에서 한 개의 쌓기나무를 빼서 만들 수 없는 모양을 찾아 ○ 표시를 해보세요.

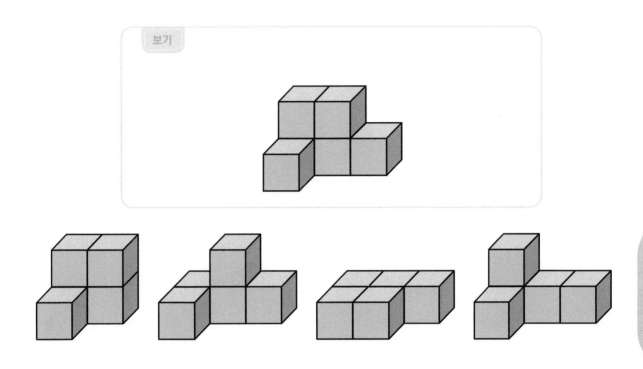

03 〈보기〉의 모양에 한 개의 쌓기나무를 추가하여 만들 수 없는 모양을 찾아 ○ 표시를 해보세요.

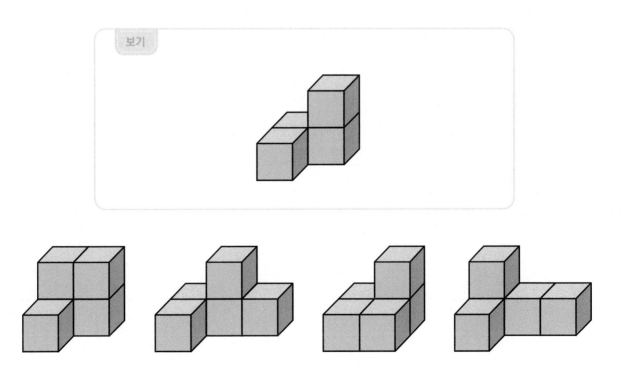

입체도형

권장풀이시간 : 30분

04 〈보기〉의 모양을 한 번만 잘라서 만들 수 없는 조각은 무엇일까요?

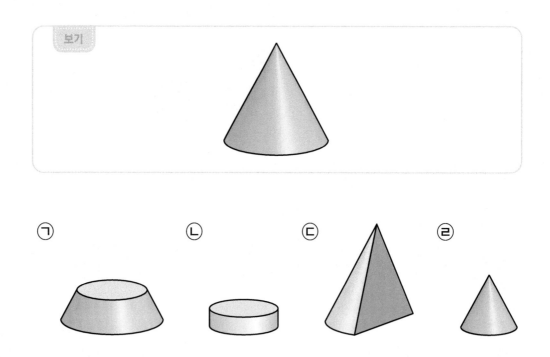

05 〈보기〉의 그림은 어떤 입체도형을 여러 방향에서 본 것입니다. 알맞은 입체도형을 찾아 ○ 표시를 해보세요.

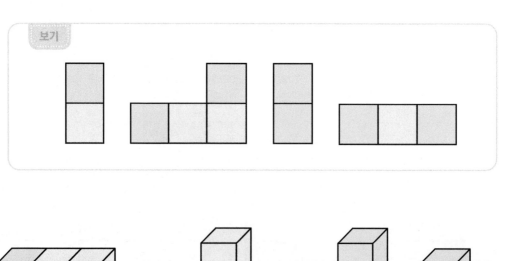

06 왼쪽 모양을 오른쪽 모양처럼 만들기 위해선 어떤 색의 쌓기나무 몇 개 씩이 필요할까요?

(1)

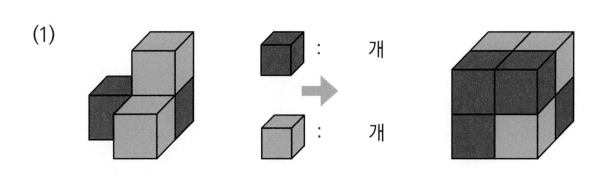

(2)

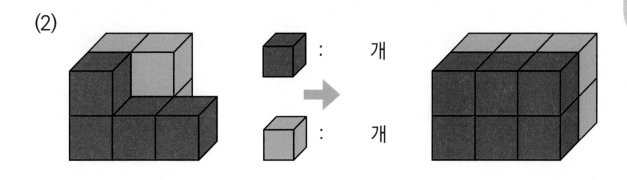

(3)

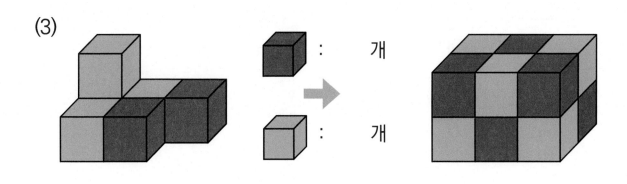

위치와 방향

01 아래 그림을 보고 알맞은 말에 ○ 표시를 하거나 빈칸에 알맞은 숫자를 적어보세요.

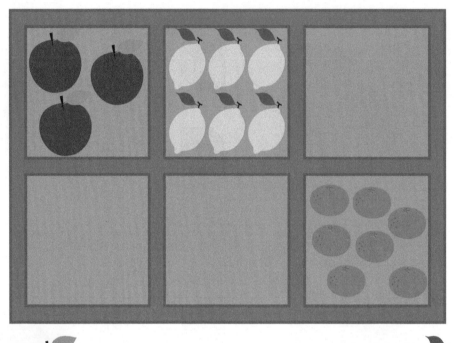

1. 과일상자 위칸 맨 왼쪽에는 (🍎 / 🍊 / 🍋) 가 [   ] 개 있습니다.

2. 레몬은 과일상자 (위 / 아래) 칸 (왼쪽 / 가운데 / 오른쪽) 에 [   ] 개 있습니다.

3. 과일상자 밖에는 모두 [   ] 개의 과일이 있습니다.

4. 귤은 모두 [   ] 개가 있습니다.

02 엄마 펭귄이 깨진 얼음을 피해 모든 물고기를 가지고 아기 펭귄에게 갈
수 있도록 길을 선으로 나타내어 보세요.

(1)

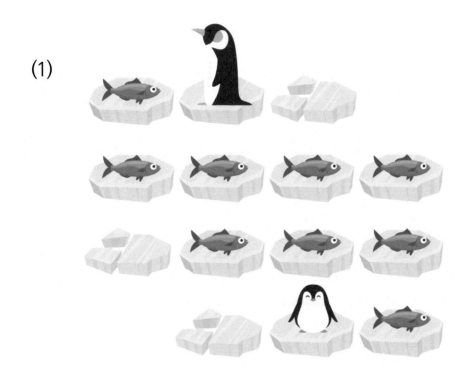

(2)

위치와 방향

권장풀이시간 : 30분

03 상상이는 가장 적은 수의 칸을 지나쳐서 알알이가 있는 위치로 가려고 합니다. 가장 빠른 길을 선으로 나타내어 보세요.

(1)

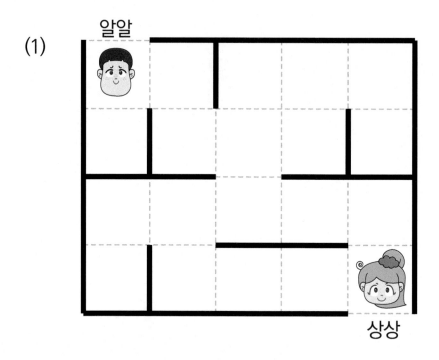

(2)

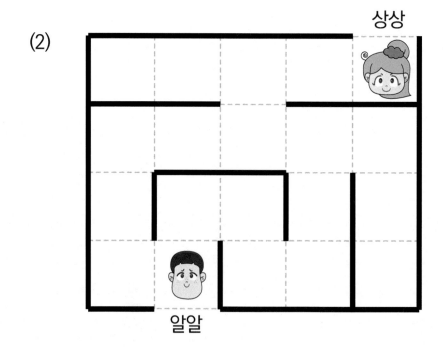

04 무우와 친구들은 영화를 보기 위해 영화관을 찾았습니다. 친구들의 대화를 읽고 각 친구들의 자리에 알맞은 기호를 그리세요.

 : 맨뒷줄인 사람~? 나는 맨뒷줄 5번 자리네!

 : 무우의 자리에서 앞으로 두 칸을 가고 왼쪽으로 세 칸을 가면 내 자리야! □

 : 아싸 맨앞줄~ 내 바로 뒤에는 제이가 있네!

 : 힝, 맨 왼쪽이나 맨 오른쪽에 앉고 싶었는데.. 그래도 바로 옆에 상상이 언니가 있으니까 좋아!

스크린 (앞)

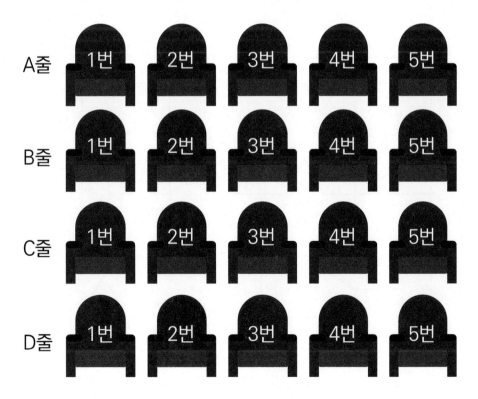

도형 퍼즐

01 아래 그림에서 〈보기〉의 모양을 모두 찾아 색칠하세요.

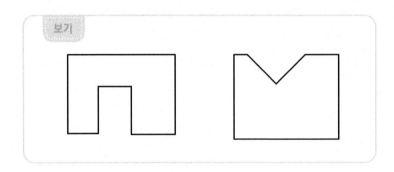

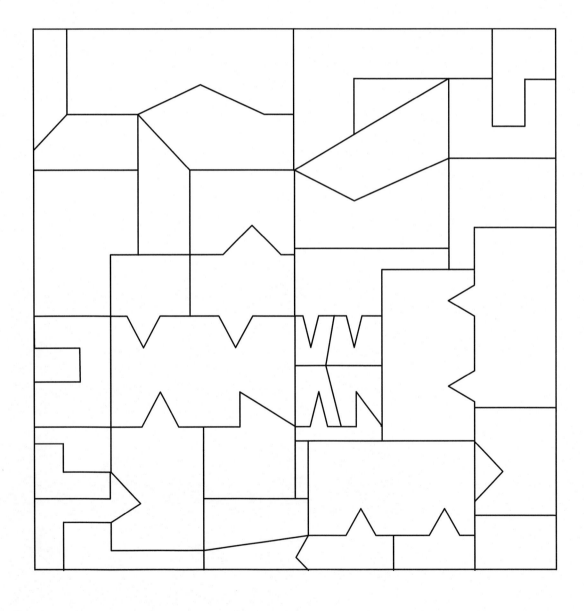

02 〈보기〉의 패턴블럭을 이용하여 모양을 완성하려고 합니다. 이용한 패턴 블럭의 수를 가장 적게 사용하려고 합니다. 모양에 선을 그은 후, 색칠해 보세요. (단, 같은 조각을 여러 번 사용할 수 있습니다.)

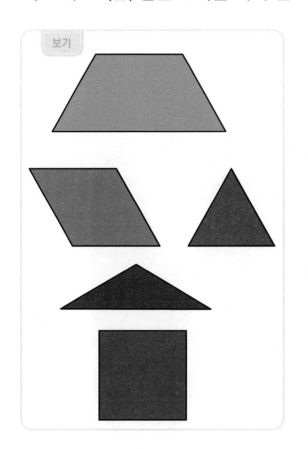
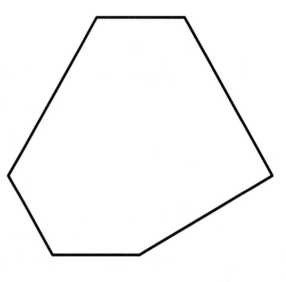

03 아래 두 그림에서 서로 다른 곳을 찾아 ○ 표시 하세요.

도형 퍼즐

권장풀이시간 : 30분

04 주어진 칠교 조각을 모두 사용하여 모양을 완성하려고 합니다. 빈 곳에 알맞은 조각을 찾아 선으로 그은 후, 색칠해 보세요.

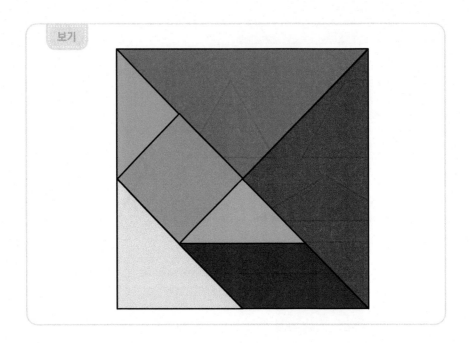

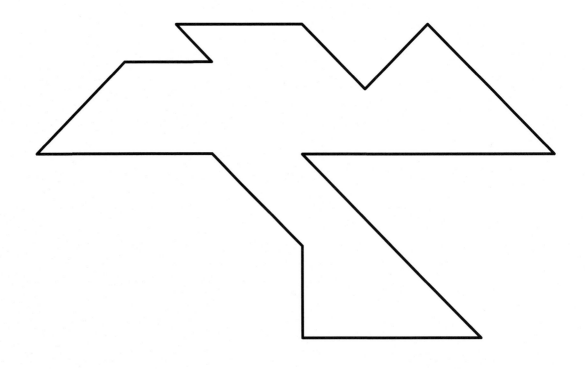

05 아래와 같이 두 장의 유리를 겹쳐서 나올 수 있는 모양을 모두 찾아 ○ 표시 하세요.

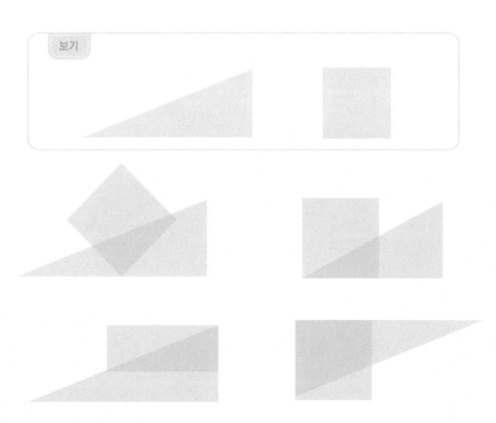

06 주어진 테트로미노 중에서 두 가지 조각을 사용하여 서로 다른 3 가지 방법으로 모양을 완성하려고 합니다. 모양에 선으로 그은 후, 색칠해 보세요. (단, 같은 조각을 여러 번 사용할 수 있습니다.)

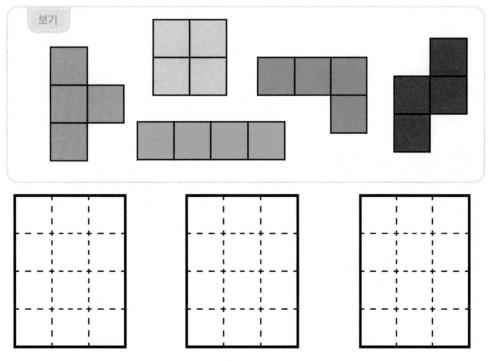

영재들의 수학여행 *Math Travel*

키즈 G 워크북
6세 7세 초1

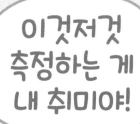

이것저것 측정하는 게 내 취미야!

D 측정

권장풀이시간 : 30분

길이와 무게 비교

01 대화 내용을 보고 무우, 알알, 제이의 선물 상자를 찾아 각각 빈칸에 이름을 적으세요.

제이 : 내 선물 상자의 포장 끈의 길이가 가장 길어~!

무우 : 내 선물 상자의 포장 끈의 길이는 알알이 것보다 더 길어~

알알 : 내 선물 상자의 포장 끈의 길이는 가장 짧아.

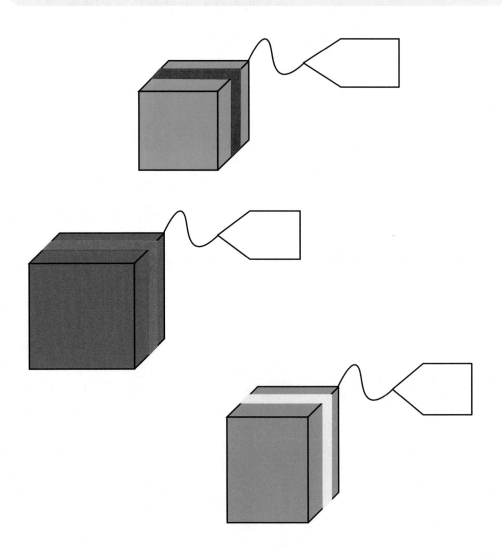

02 〈보기〉와 같이 무우는 필기 도구의 길이를 구슬을 한줄로 대서 쟀습니다. 길이가 가장 긴 것부터 순서대로 필기 도구를 적으세요.

1. 연필의 길이는 구슬 5개와 같습니다.

2. 필통의 길이는 구슬 10개와 같습니다.

3. 지우개의 길이는 연필의 길이보다 구슬 2개가 더 적습니다.

4. 책의 길이는 필통의 길이보다 구슬 2개가 더 많습니다.

5. 색연필의 길이는 구슬 7개와 같습니다.

03 그림과 같이 길이가 서로 다른 밧줄이 있습니다. 이 중 밧줄의 길이가 가장 긴 것부터 순서대로 기호를 적으세요.

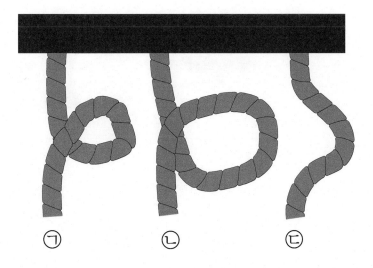

ㄱ   ㄴ   ㄷ

길이와 무게 비교

04 〈보기〉의 저울을 보고 알맞지 않은 모습의 저울을 모두 찾아 기호를 적으세요.

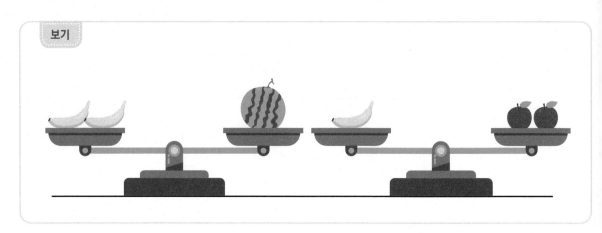

ㄱ

ㄴ
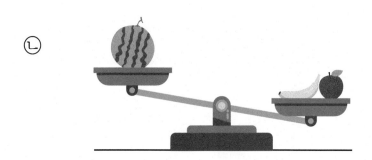

ㄷ

05 1등부터 4등까지 시상대 위에 네 명의 친구들이 서 있을 때, 대화 내용에 알맞게 빈칸에 이름을 적으세요.

알알 : 나는 가장 낮은 시상대 위에 있어!

무우 : 난 제이보다 한 등수 낮은 곳에 있어.

상상 : 나는 잘해서 가장 높은 시상대 위에 있어!

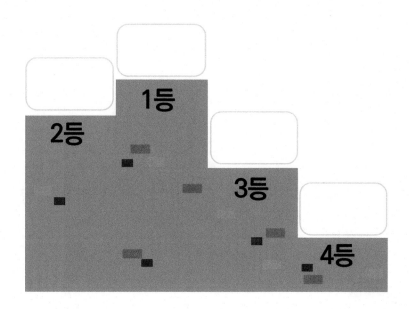

06 세 사람의 대화 내용을 보고 가장 가벼운 물건부터 순서대로 적으세요.

제이 : 연필 2개는 지우개 1개의 무게와 같아!

무우 : 지우개 7개는 책 2권의 무게와 같아!

상상 : 책 1권과 지우개 3개의 무게는 가방 1개의 무게와 같아!

넓이와 들이 비교

01 주어진 물통을 보고 바르게 말한 사람을 찾아 적으세요.

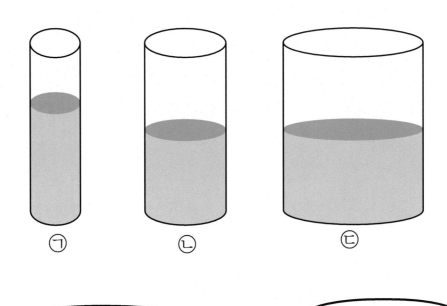

물컵 ㉡과 ㉢의 물의 높이가 같으니깐 물의 양이 서로 같아!

세 물컵 중 물컵 ㉡이 물이 가장 적게 들어가!

물컵 ㉠의 물 높이가 높으니깐 물의 양이 가장 많아!

물컵 ㉢에 물이 가장 많이 들어가.

02 〈보기〉의 세 사람의 대화 내용을 보고 가장 넓은 색종이부터 순서대로 색깔을 적으세요.

> 제이 : 빨간 색종이 2장의 넓이와 파란 색종이 1개의 넓이가 서로 같아!
>
> 무우 : 노란 색종이 2장의 넓이와 빨간 색종이 6장의 넓이가 서로 같아!
>
> 상상 : 파란 색종이 1장과 노란 색종이 1개를 이어 붙인 넓이와 보라 색종이 1개의 넓이가 같아!

03 〈보기〉와 같이 물통의 크기와 물의 양이 서로 다른 물통 3개가 있습니다. 주어진 물음에 알맞은 정답을 적으세요.

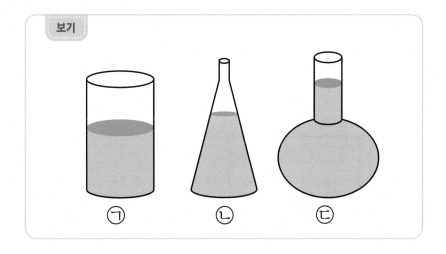

보기

ㄱ ㄴ ㄷ

물음 1. 물병의 입구가 가장 좁은 순서대로 기호를 적으세요

정답 : _____

물음 2 . 물이 가장 많이 담긴 물통부터 순서대로 적으세요.

정답 : _____

넓이와 들이 비교

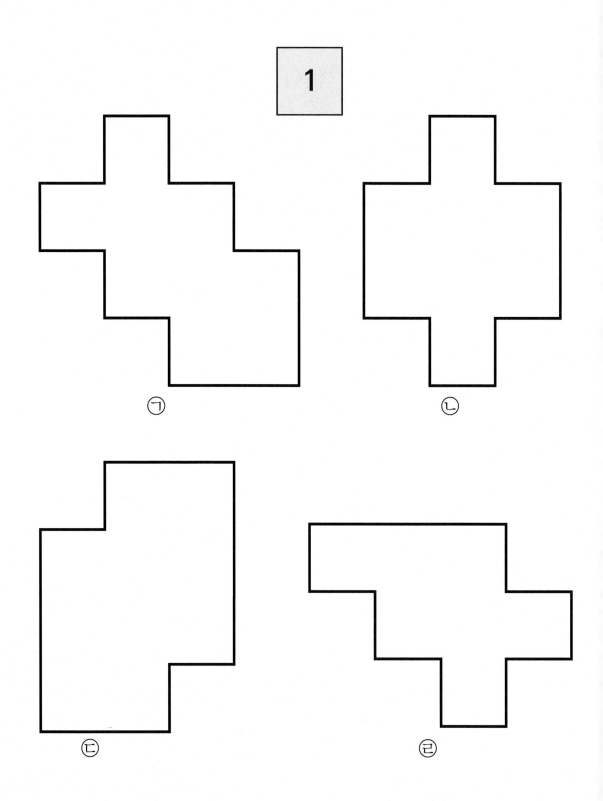

권장풀이시간 : 30분

04 ☐의 넓이가 1일 때, 주어진 네 도형 중 넓이가 가장 넓은 도형부터 순서대로 기호를 적으세요.

05 〈보기〉는 쌓기나무를 넣기 전과 넣은 후의 모습을 나타낸 것입니다. 쌓기나무를 넣기 전, 음료수의 양을 알맞게 그려 색칠하세요.

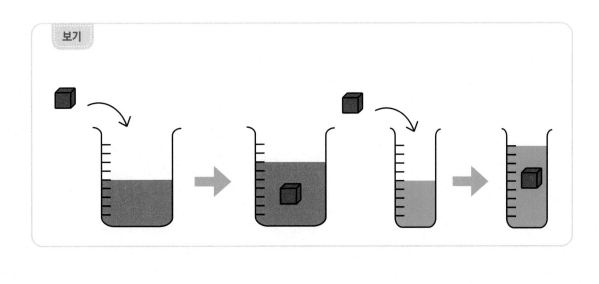

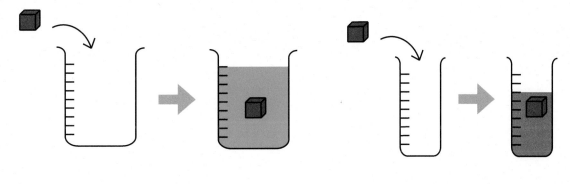

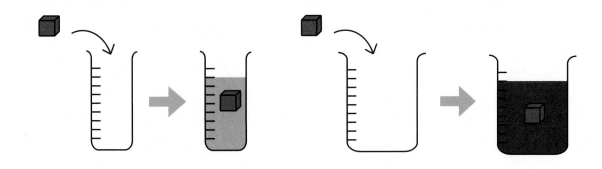

권장풀이시간 : 30분

시계와 시간

01

7월 달력의 일부 날짜가 지워져 있습니다. 물음에 알맞은 정답을 적으세요.

7월						
일	월	화	수	목	금	토
						1
2	3	4	5	6	7	8
9	10	11	12	13	14	15
16						
23						
30	31					

물음 1 . 7월의 토요일 날짜를 모두 적으세요.

정답 :＿＿＿＿＿＿＿＿＿＿ 일

물음 2 . 어제가 7월 20일이라면 오늘은 무슨 요일일까요?

정답 :＿＿＿＿＿ 요일

물음 3 . 6월 29일은 무슨 요일일까요?

정답 :＿＿＿＿＿ 요일

02 시간의 흐름에 맞게 빈칸에 알맞은 순서를 번호로 적으세요.

03 무우와 친구들은 어제 같은 시각에 잠을 잤습니다. 각자 아침에 일어난 시각이 아래와 같을 때, 가장 많이 잠을 잔 사람과 적게 잔 사람의 이름을 적으세요.

가장 많이 잠을 잔 사람 : _____

가장 적게 잠을 잔 사람 : _____

권장풀이시간 : 30분

시계와 시간

04 달력을 보고 바르게 말한 사람을 찾고 잘못 말한 사람의 말을 바르게 고쳐 적으세요.

8월						
일	월	화	수	목	금	토
		1	2	3	4	5
6	7	8	9	10	11	12
13	14	15	16	17	18	19
20	21	22	23	24	25	26
27	28	29	30	31		

9월						
일	월	화	수	목	금	토
					1	2
3	4	5	6	7	8	9
10	11	12	13	14	15	16
17	18	19	20	21	22	23
24	25	26	27	28	29	30

오늘이 9월 6일이면 내일은 금요일이야!

내 생일은 10월 2일으로 일요일이야!

7월 30일에 놀이동산을 갔는데 일요일이라 사람이 많았어..

학교 방학은 8월 11일부터 8월 21일까지인데, 10일 동안 학교를 안가서 좋아!

05 시계의 규칙을 찾아 마지막 시계에 긴 바늘과 짧은 바늘을 알맞게 그리세요.

06 시간의 흐름에 맞지 않는 그림을 찾아 × 표시 하세요.

권장풀이시간 : 30분

부분과 전체

01 커튼 뒤에 있는 물건이 아닌 것을 모두 찾아 기호로 적으세요.

02 아래의 모양에서 찾을 수 없는 조각을 찾아 기호로 적으세요.

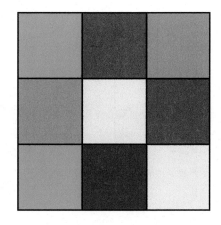

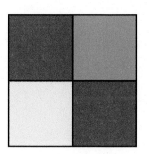

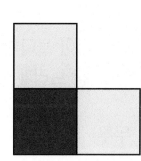

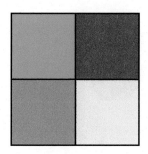

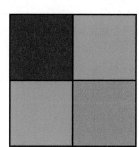

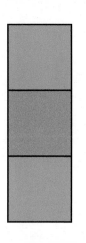

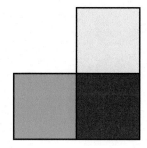

부분과 전체

03 무우와 친구들은 각자 물이 가득 찬 물컵의 물을 5분 동안 마셨습니다.
가장 천천히 마신 사람부터 순서대로 이름을 적으세요.

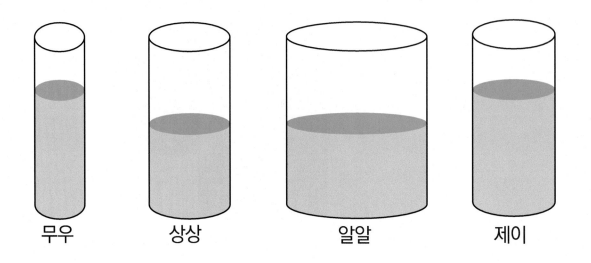

무우   상상   알알   제이

04 세 사람이 돌다리를 사다리 타기로 건넜을 때, 걸린 시간이 적혀있습니다. 가장 느리게 돌다리를 건넌 사람은 누구일까요?

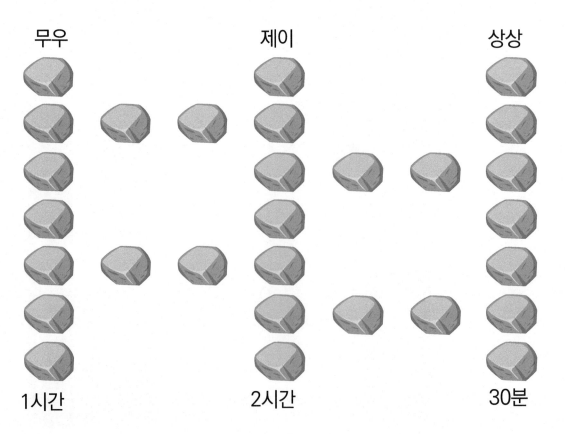

무우   제이   상상

1시간   2시간   30분

05 망원경으로 멀리 있는 동물을 관찰했습니다. 관찰한 동물들을 찾아 선으로 연결하세요.

영재들의 수학여행 Math Travel 키즈 **G** 워크북 6세 7세 초1

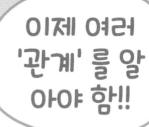

이제 여러 '관계'를 알 아야 함!!

ㅌ 규칙

패턴

권장풀이시간 : 30분

01 패턴 마디를 찾아 빈칸에 들어갈 도형을 각각 기호로 적으세요.

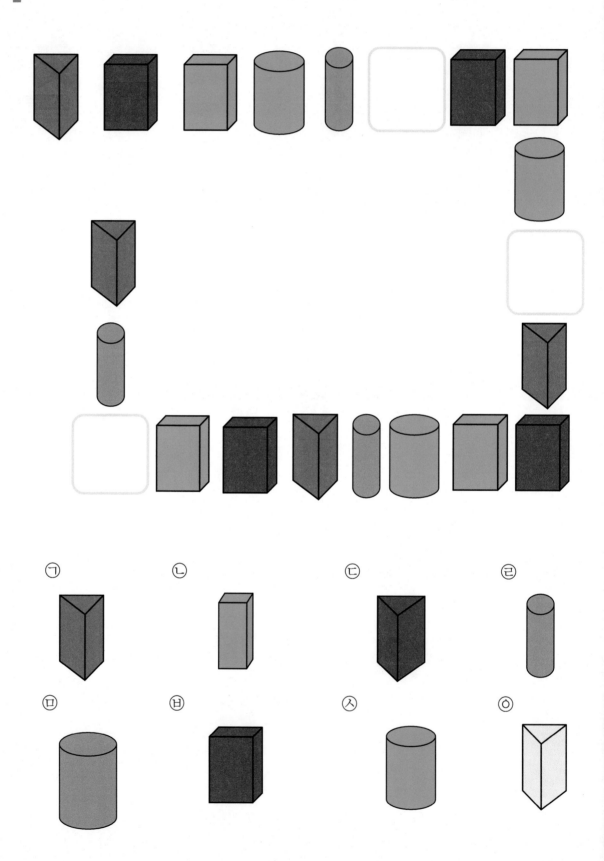

02 〈보기〉의 패턴 규칙과 같은 것을 찾아 기호로 적으세요.

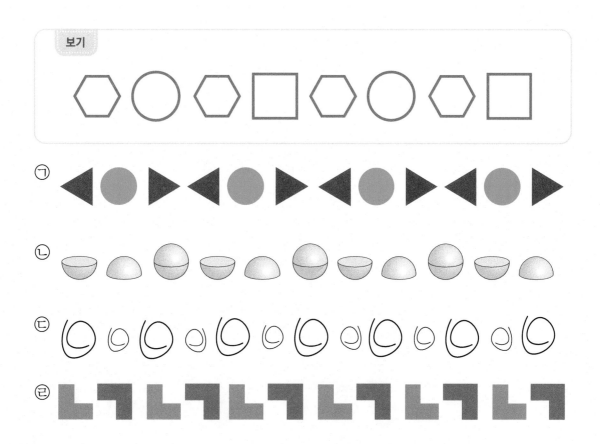

03 빈칸에 올 수 있는 구슬을 찾아 기호로 적으세요.

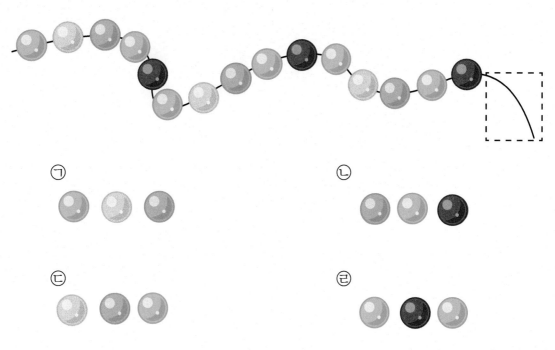

패턴

04 〈보기〉의 구슬을 반복마디로 하여 출발점부터 도착점까지 선으로 연결하세요.

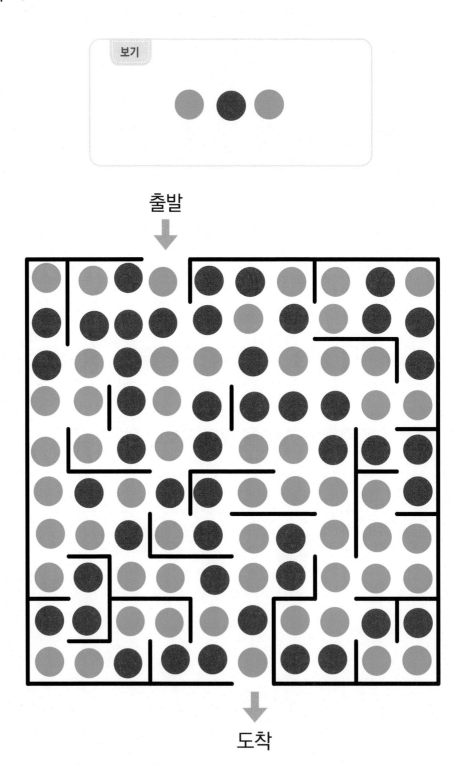

05 5번째 들어갈 쌓기나무를 찾아 기호로 적으세요.

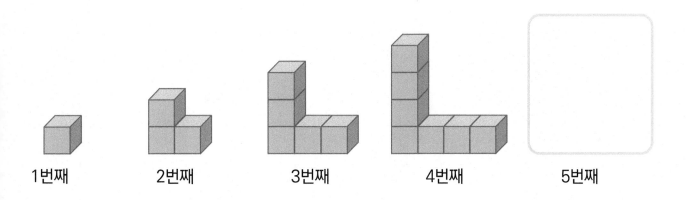

1번째　　　　2번째　　　　3번째　　　　4번째　　　　5번째

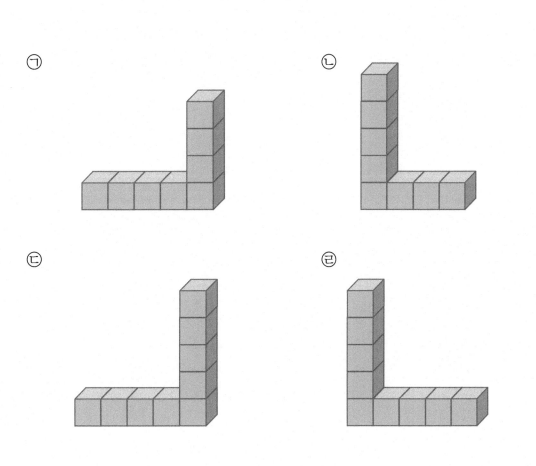

이중 패턴

01 패턴에 이어서 올 수 있는 것을 찾아 연결하세요.

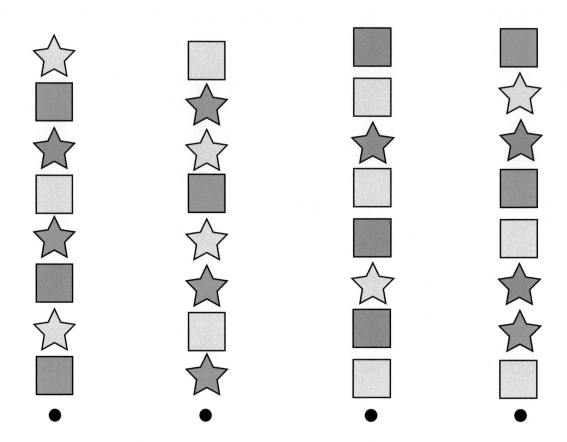

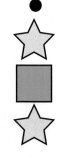

02 표 안의 가로와 세로의 규칙을 찾아 □에 알맞은 모양을 그리세요.

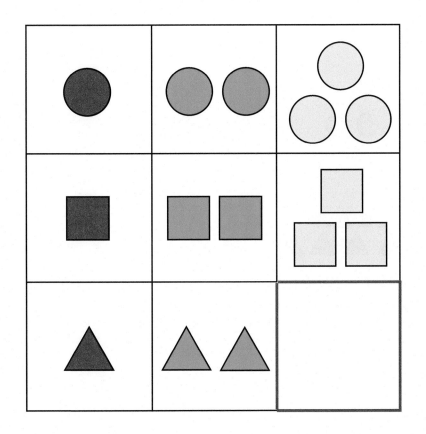

03 규칙을 찾아 빈칸에 들어갈 숫자를 기호로 적으세요.

2 3 8 2 3 8 2 3 8 □

ㄱ   ㄴ   ㄷ   ㄹ

3   3   2   2

이중 패턴

04 규칙에 맞게 빈칸에 들어갈 도형을 그리세요.

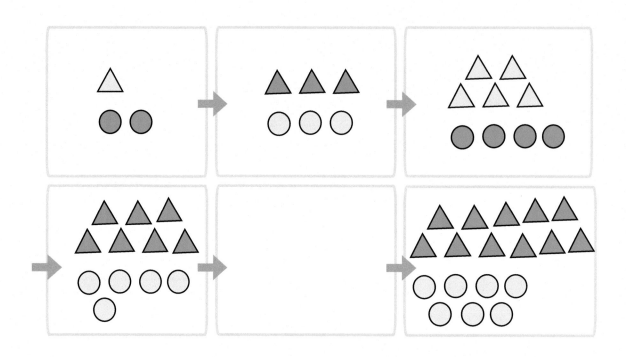

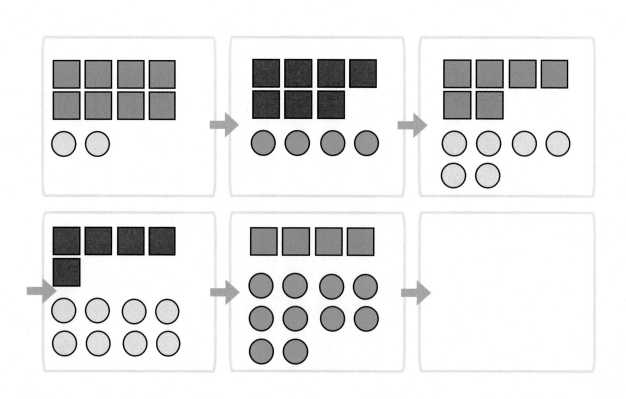

05 대화 내용을 보고 각 친구들이 규칙에 맞게 도형을 연결한 후, 도착하는 곳의 기호를 각각 적으세요.

무우: 모양은 (△ □ ○)으로 반복되고 색은 빨강, 파랑, 초록으로 반복 돼~

상상 : 모양은 (□ ○)으로 반복되고 색은 파랑, 파랑, 초록, 초록으로 반복 돼~

알알: 모양은 (△ ○ ○)으로 반복되고 색은 빨강, 노랑, 초록으로 반복 돼~

제이: 모양은 (○ □)으로 반복되고 색은 노랑, 초록, 파랑으로 반복 돼~

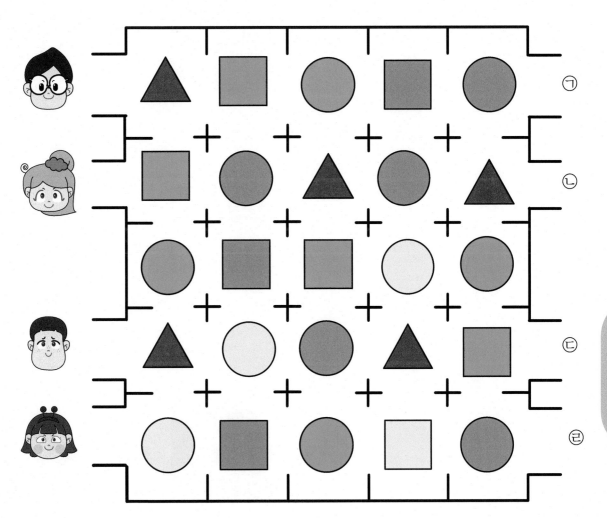

관계 규칙

01 상자의 도형 규칙을 찾아 ⌐¬ 에 알맞은 도형을 각각 그리세요.

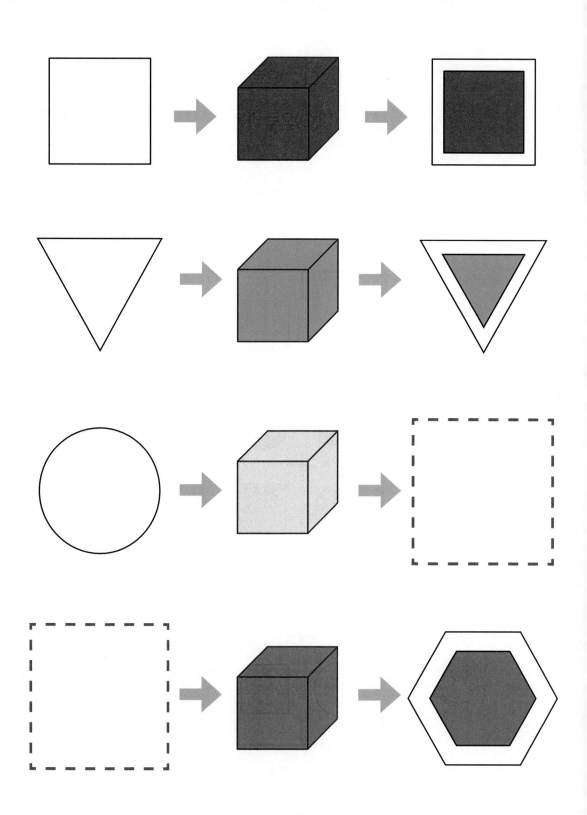

02 〈보기〉의 화살표 규칙을 찾아 빈칸에 들어갈 알맞은 수를 적으세요.

보기

$9 \rightarrow = 1$ $3 \rightarrow = 6$

$7 \rightarrow = 3$ $4 \rightarrow = 8$

$5 \rightarrow = 5$ $5 \rightarrow = 10$

$2 \rightarrow = \boxed{}$ $1 \rightarrow = \boxed{}$

$2 \rightarrow = \boxed{}$ $6 \rightarrow = \boxed{}$

03 상자에 알맞은 색의 구슬을 넣어 약속된 연산을 하면 각각 10이 나옵니다. 넣어야 하는 세 구슬의 적힌 수를 각각 쓰세요.

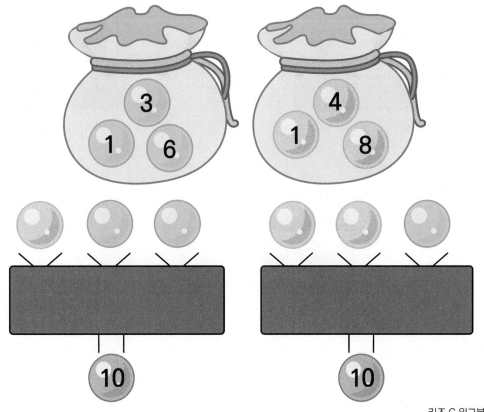

권장풀이시간 : 30분

관계 규칙

04 상자의 도형 규칙을 찾아 알맞은 도형이 되도록 색칠하세요.

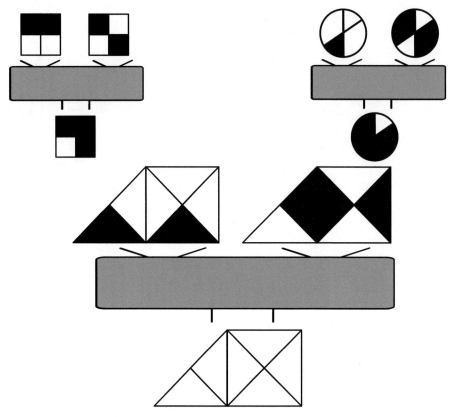

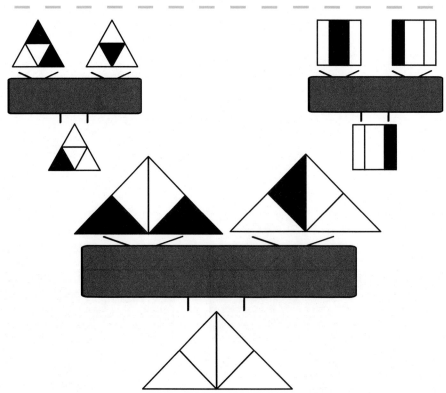

05 〈보기〉의 도형 규칙과 같도록 빈칸에 알맞은 도형의 기호를 적으세요.

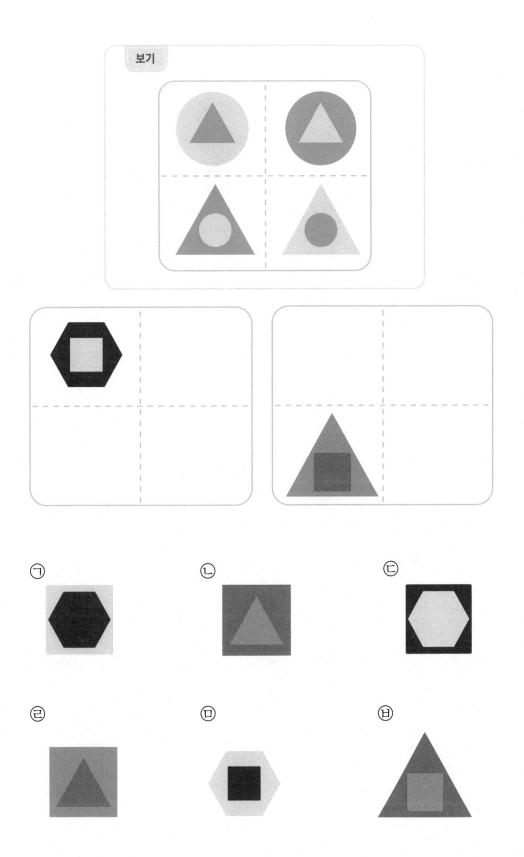

여러 가지 규칙

권장풀이시간 : 30분

01 규칙에 맞게 도형의 빈칸에 알맞게 색칠하세요.

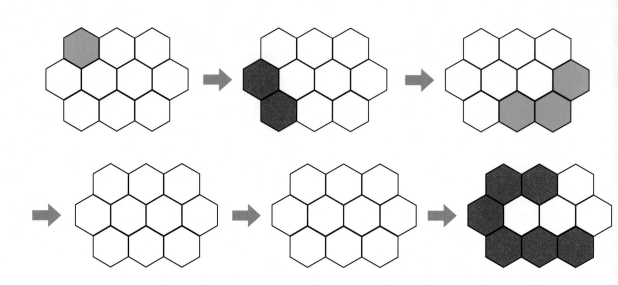

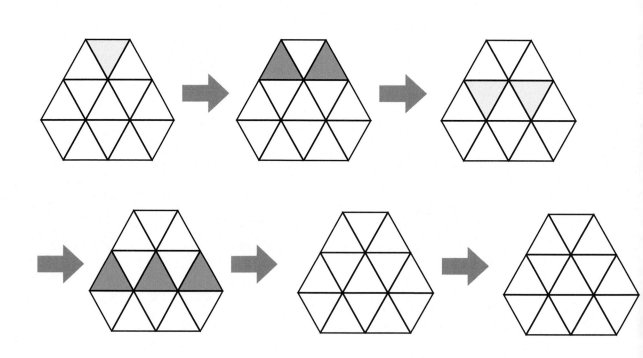

02 시계를 보고 규칙을 잘못 말한 사람의 이름을 적으세요.

무우 : 시침이 시계 방향으로 8칸씩 움직이는 규칙이 있어!

알알 : 패턴 마디는 시계 3개로 반복 돼!

제이 : 시침이 반시계 방향으로 4칸씩 움직이는 규칙이 있어!

상상 : 시간이 3시, 5시, 1시로 반복 돼!

03 그림을 보고 규칙에 맞게 빈칸에 알맞게 색칠하세요.

E

규칙

권장풀이시간 : 30분

여러 가지 규칙

04 가로, 세로의 규칙을 보고 빈칸에 들어갈 모양을 기호로 적으세요.

개수 \ 색깔	빨강	주황	보라
5개			(⚄ 모양)
3개	(⚂ 모양)		
1개		(⚀ 모양)	

㉠   ㉡   ㉢

㉣   ㉤   ㉥

05 제이가 출발점에서 주어진 화살표대로 움직일 때, 도착하는 곳을 기호로 적으세요.

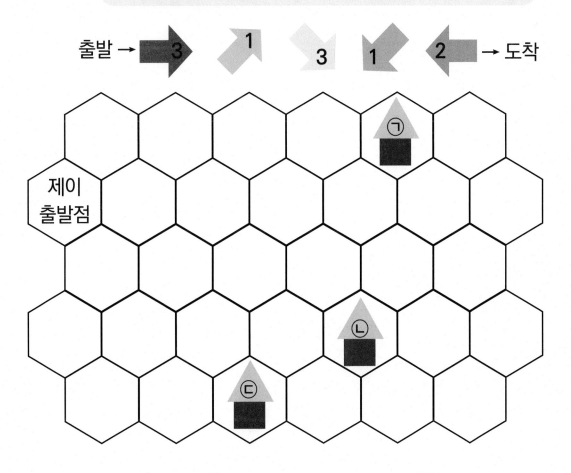

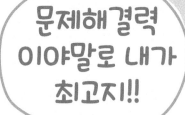

F 문제해결력

모든 경우 구하기

권장풀이시간 : 30분

01 무우는 과일 한 개와 음료수 한 잔을 골라서 먹으려고 합니다. 무우가 먹는 방법은 모두 몇 가지일까요? 나뭇가지 그림의 빈칸을 채우세요.

사과   바나나   포도   수박   오렌지 주스   레몬 주스

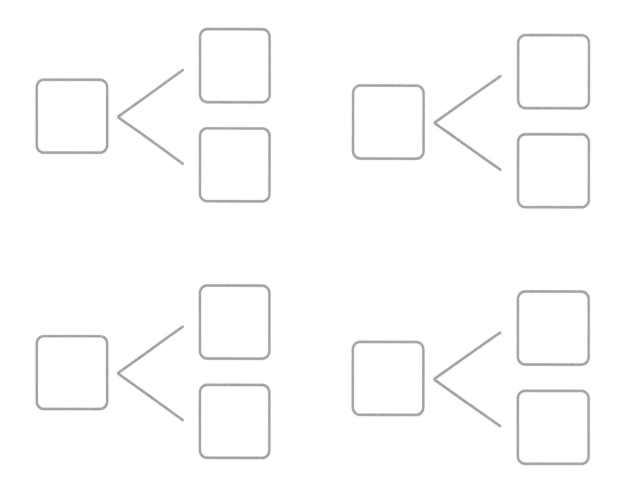

02 네 칸 중 같은 색으로 두 칸만 색칠하는 방법을 모두 찾아 두 칸에 색칠하세요.

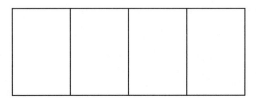

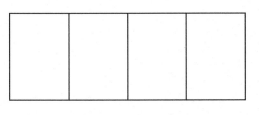

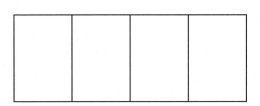

03 무우는 2개의 다트를 맞혀 3점을 얻었습니다. 제이가 2개의 다트를 던져 무우를 이길 수 있는 방법을 찾아 다트판에 ×표시하세요.

F
문제해결력

21 DAY

권장풀이시간 : 30분

모든 경우 구하기

04 제이는 계단을 한 번에 한 칸부터 세 칸까지 올라갈 수 있습니다. 〈보기〉와 같이 제이가 네 칸의 계단을 한 칸씩 올라가는 것 외에도 계단을 올라가는 방법은 모두 몇 가지일까요? 계단에 올라가는 그림을 화살표로 그리세요.

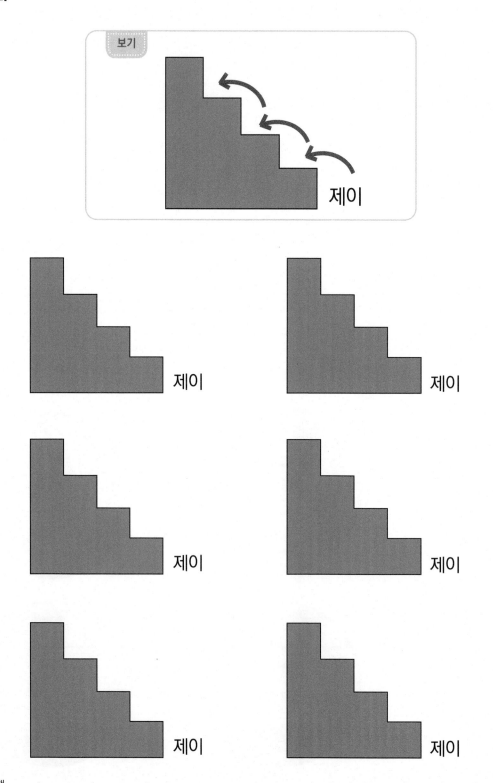

05
무우가 집( )에서 학교( )까지 갔다가 다시 집으로 돌아오는 길은 모두 몇 가지일까요? 길을 선으로 그려 찾으세요. (단, 갈 때 지나간 길은 올 때 다시 지나지 않습니다.)

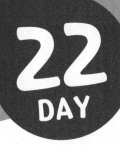

22 DAY

권장풀이시간 : 30분

분류하기

01

무우는 어떤 한 가지 기준에 따라 구슬을 송송과 총총으로 말했습니다. 송송와 총총으로 불리는 구슬을 찾아 빈 곳에 구슬 모양을 그리세요.

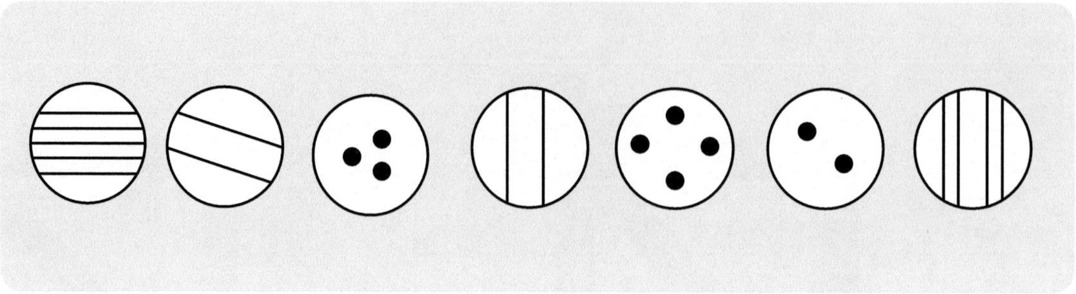

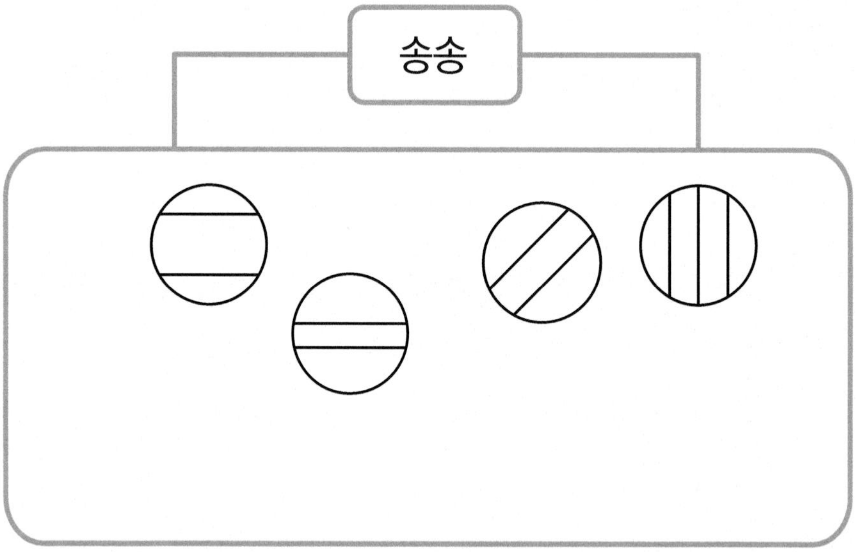

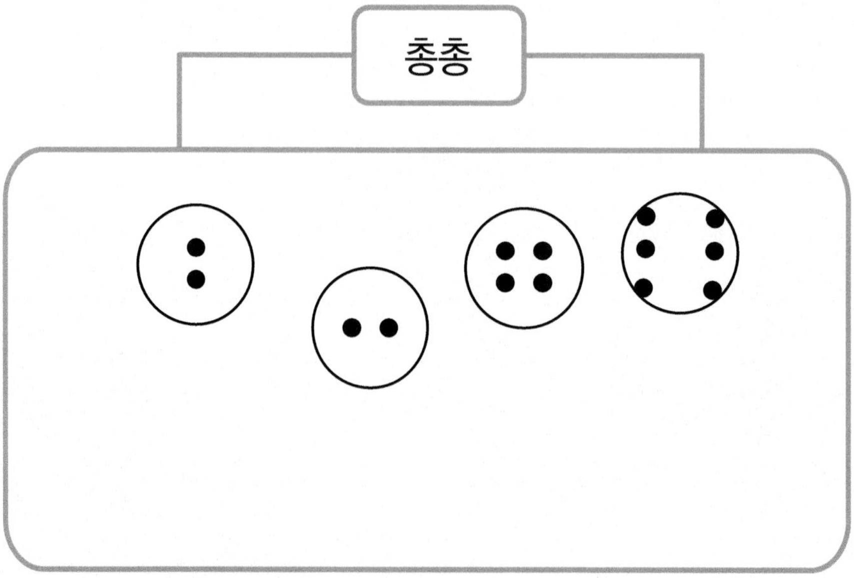

02 남는 도형이 없도록 분류할 수 있는 한 가지 기준은 무엇일까요?

㉠ 원과 사각형　　　　㉡ 빨강색과 노랑색

㉢ 큰 도형과 작은 도형　　㉣ 무늬가 있는 것과 무늬가 없는 것

03 주어진 숫자 카드를 홀수와 7보다 작은 수로 나누어 원 안에 적고 적을 수 없는 숫자 카드에 × 표시하세요.

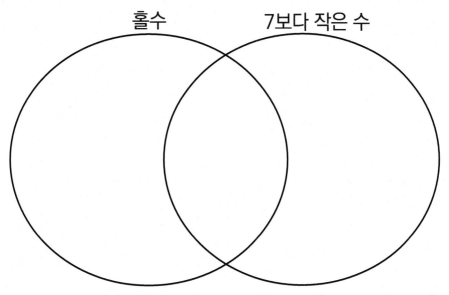

홀수　　　　7보다 작은 수

분류하기

권장풀이시간 : 30분

04 서로 공통점이 없는 카드 3장을 차례로 선으로 연결하세요.

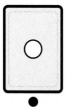

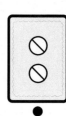

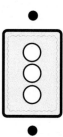

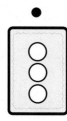

05 공통점이 있는 도형끼리 연결하여 미로를 탈출하세요.

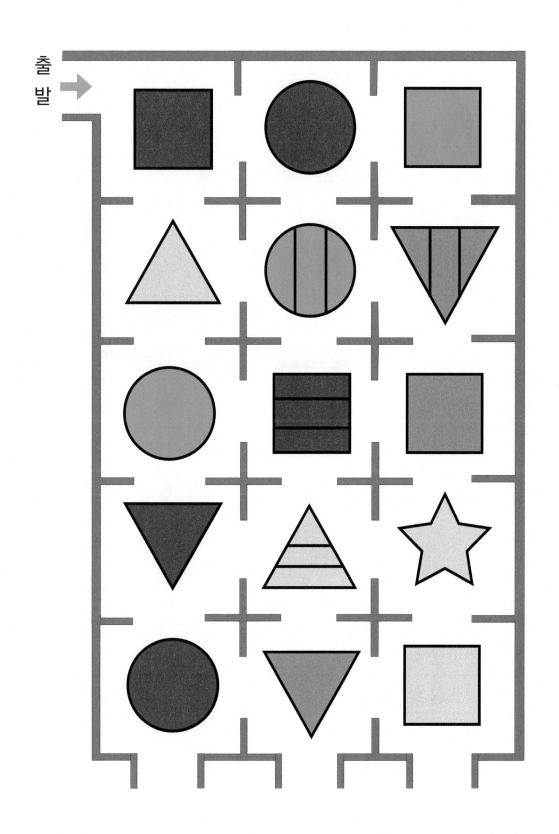

F
문제해결력

표와 그래프

01 잔디 위에 있는 꽃을 세어 표와 그래프로 나타내세요.

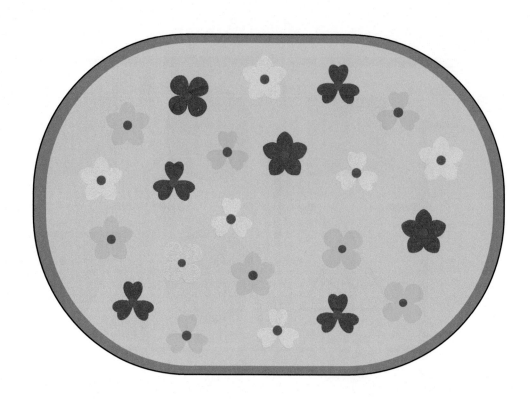

〈표〉

꽃잎 수	3개	4개	5개
꽃의 개수	개	개	개

〈그래프〉

	1	2	3	4	5	6	7	8	9
노랑 꽃									
파랑 꽃									
빨강 꽃									

02 무우와 제이가 각자 가진 구슬의 색을 그래프로 나타냈습니다. 무우가 가진 구슬이 제이보다 2개 더 많을 때, 무우가 가지고 있는 파랑 구슬을 ○로 그리세요.

〈무우 그래프〉

개수 / 색깔	빨강	초록	파랑	노랑
4				
3		○		
2		○		○
1	○	○		○

〈제이 그래프〉

개수 / 색깔	빨강	초록	파랑	노랑
4				
3				○
2	○			○
1	○	○	○	○

03 주머니 안에 있는 구슬 색의 개수를 세어 그래프로 나타내세요.

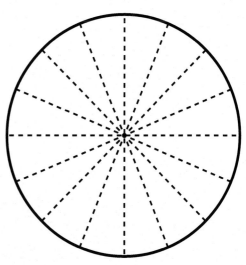

표와 그래프

04 네 사람이 각자 다트판에 4개의 다트를 던졌습니다. 각각의 맞힌 곳을 표와 그래프로 나타냈을 때, 점수가 높은 사람부터 차례대로 이름을 적으세요.

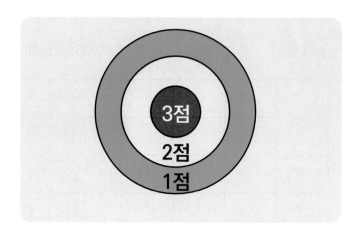

제이

	1	2	3	4
빨강 칸	■			
노랑 칸	■■			
파랑 칸	■			

무우

칸	빨강	노랑	파랑
개수	0개	1개	3개

상상

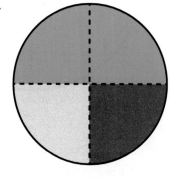

알알

3			
2	○		
1	○	○	○
개수\칸	빨강	노랑	파랑

05 제이네 반 친구들이 좋아하는 교통수단을 조사해 그래프로 나타냈습니다. 네 사람의 대화 내용을 보고 알맞은 그래프를 완성하고 제이네 반 친구들은 모두 몇 명인지 구하세요.

> 무우 : 배를 좋아하는 사람이 자동차를 좋아하는 사람보다 2명 더 많아!
>
> 제이 : 비행기를 좋아하는 사람은 가장 많은 6명이네!
>
> 상상 : 기차를 좋아하는 사람이 배를 좋아하는 사람보다 1명 더 많아!
>
> 알알 : 자동차를 좋아하는 사람이 비행기를 좋아하는 사람보다 4명 더 적네!

6				
5				
4				
3				
2				
1				
사람 수 / 교통 수단	배	기차	자동차	비행기

24 DAY

추론하기

권장풀이시간 : 30분

01 모든 칸을 한 번씩만 지나도록 같은 과일끼리 선으로 연결하세요.
(단, 선이 겹치지 않게 하세요.)

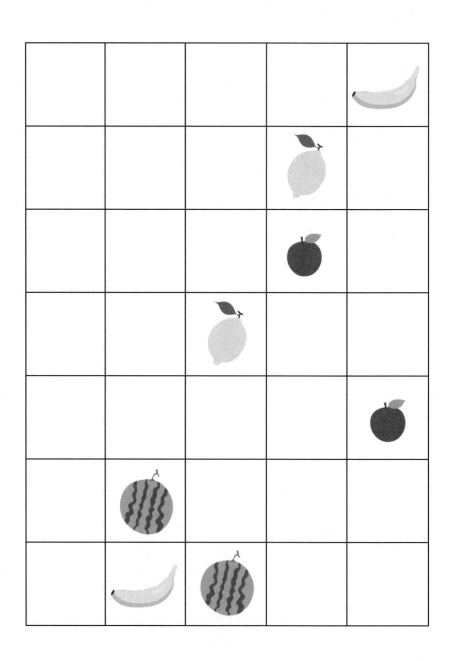

02 무우, 상상, 제이, 알알이는 1, 5, 7, 8 중에 서로 다른 숫자를 하나씩 좋아합니다. 내용을 보고 표를 완성하세요.

> **1.** 제이는 5와 7을 좋아하지 않습니다.
>
> **2.** 알알이는 8을 좋아합니다.
>
> **3.** 무우는 7을 좋아하지 않습니다.

	1	5	7	8
무우				
상상				
제이				
알알				

03 단어 관계를 보고 빈칸에 들어갈 알맞은 단어를 적으세요.

오빠	언니	:	형	

사과	바나나	:	빨강	

시작	끝	:	출발	

권장풀이시간 : 30분

추론하기

04 구슬을 둘러싼 벽면을 따라 지나갈 수 있습니다. 출발해서 도착할 수 없는 곳을 기호로 적으세요.

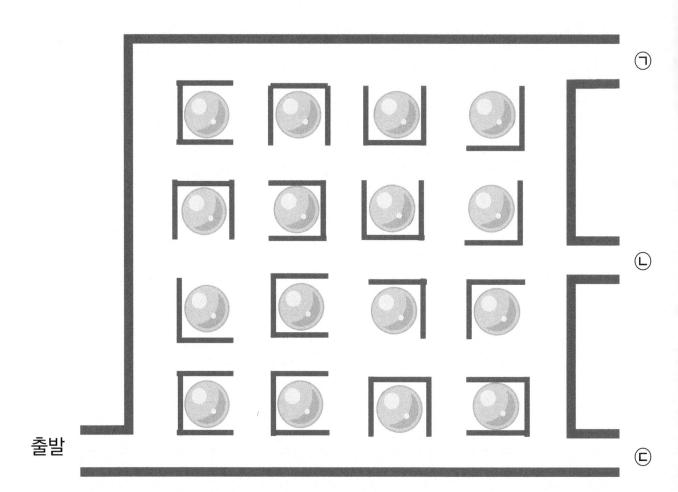

05 서로 다른 색의 모자 세 개와 목도리 세 개가 있습니다. 무우, 상상, 제이 는 각자 모자 한 개와 목도리 한 개를 가지려고 합니다. 대화를 보고 표를 완성해 무우가 가지려는 모자와 목도리의 색깔은 무엇인지 구하세요.

무우 : 나는 빨강 모자와 초록 목도리를 안 가질래!

제이 : 나는 노랑 모자를 가지고 싶어.

상상 : 난 노랑 목도리를 가질래!

〈표〉

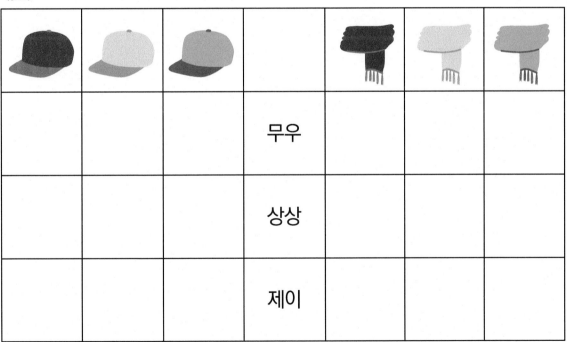

무우의 모자 색깔 : _____   무우의 목도리 색깔 : _____

F
문제해결력

MEMO

영재들의 Math Travel
수학여행

무한상상

창의영재수학

아이앤아이

정답 및 풀이

키즈 **G** 워크북
6세 7세 초1

Imagine Infinite!

창의영재수학

아이앤아이

정답 및
풀이

키즈 **G** 워크북
6세 7세 초1

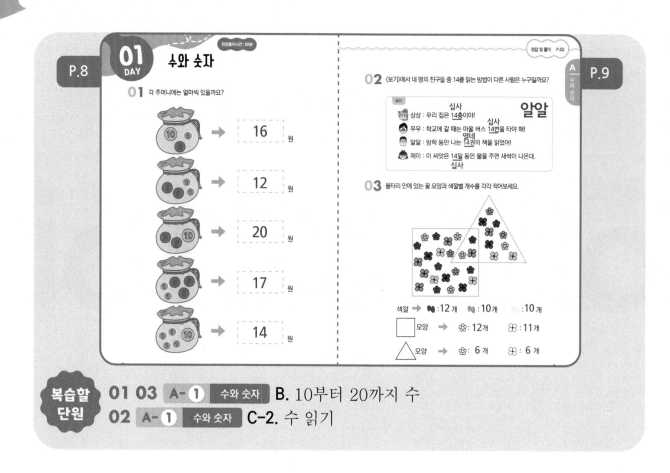

01 DAY 수와 숫자

권장풀이시간: 30분

01 각 주머니에는 얼마씩 있을까요?

16 원

12 원

20 원

17 원

14 원

02 〈보기〉에서 네 명의 친구들 중 14를 읽는 방법이 다른 사람은 누구일까요?

보기
상상 : 우리 집은 14층이야! **십사**
무우 : 학교에 갈 때는 마을 버스 14번을 타야 해! **십사**
알알 : 방학 동안 나는 14권의 책을 읽었어! **열네**
제이 : 이 씨앗은 14일 동안 물을 주면 새싹이 나온대. **십사**

알알

03 울타리 안에 있는 꽃 모양과 색깔별 개수를 각각 적어보세요.

색깔 → ✿:12개 ✿:10개 ✿:10개

□ 모양 → ✿:12개 ✿:11개

△ 모양 → ✿:6개 ✿:6개

복습할 단원
01 03 A-❶ 수와 숫자 **B.** 10부터 20까지 수
02 A-❶ 수와 숫자 **C-2.** 수 읽기

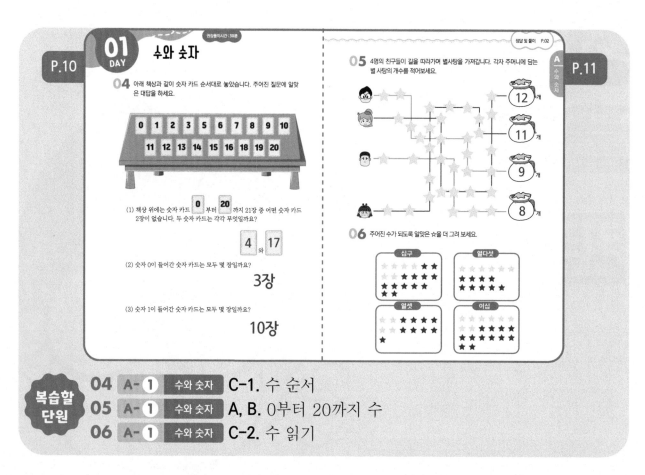

01 DAY 수와 숫자

권장풀이시간: 30분

04 아래 책상과 같이 숫자 카드 순서대로 놓았습니다. 주어진 질문에 알맞은 대답을 하세요.

| 0 | 1 | 2 | 3 | 4 | 5 | 6 | 7 | 8 | 9 | 10 |
| 11 | 12 | 13 | 14 | 15 | 16 | 17 | 18 | 19 | 20 |

(1) 책상 위에는 숫자 카드 **0** 부터 **20** 까지 21장 중 어떤 숫자 카드 2장이 없습니다. 두 숫자 카드는 각각 무엇일까요?

4 와 **17**

(2) 숫자 0이 들어간 숫자 카드는 모두 몇 장일까요?

3장

(3) 숫자 1이 들어간 숫자 카드는 모두 몇 장일까요?

10장

05 4명의 친구들이 길을 따라가며 별사탕을 가져갑니다. 각자 주머니에 담는 별 사탕의 개수를 적어보세요.

12 개

11 개

9 개

8 개

06 주어진 수가 되도록 알맞은 ☆을 더 그려 보세요.

심구 | 열다섯
열셋 | 이십

복습할 단원
04 A-❶ 수와 숫자 **C-1.** 수 순서
05 A-❶ 수와 숫자 **A, B.** 0부터 20까지 수
06 A-❶ 수와 숫자 **C-2.** 수 읽기

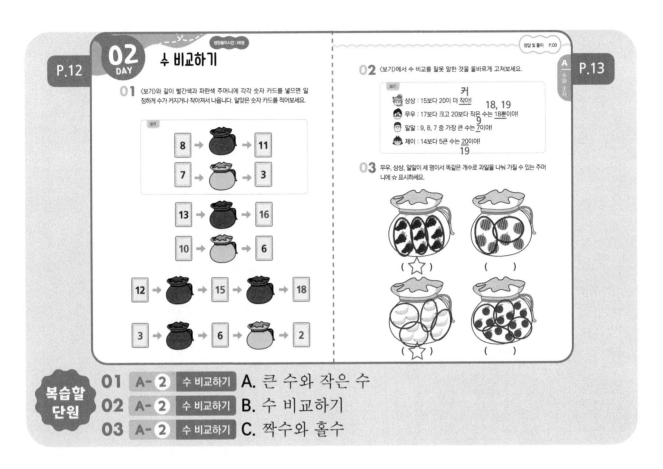

P.12

02 DAY 수 비교하기
권장풀이시간 : 30분

01 〈보기〉와 같이 빨간색과 파란색 주머니에 각각 숫자 카드를 넣으면 일정하게 수가 커지거나 작아져서 나옵니다. 알맞은 숫자 카드를 적어보세요.

정답 및 풀이 P.03 A 수와 숫자 P.13

02 〈보기〉에서 수 비교를 잘못 말한 것을 올바르게 고쳐보세요.

보기
상상 : 15보다 20이 더 작아! 18, 19
무우 : 17보다 크고 20보다 작은 수는 18뿐이야! 9
일일 : 9, 8, 7 중 가장 큰 수는 7이야! 9
제이 : 14보다 5큰 수는 20이야! 19

03 무우, 상상, 일일이 세 명이서 똑같은 개수로 과일을 나눠 가질 수 있는 주머니에 ☆ 표시하세요.

복습할 단원
01 A-2 수 비교하기 A. 큰 수와 작은 수
02 A-2 수 비교하기 B. 수 비교하기
03 A-2 수 비교하기 C. 짝수와 홀수

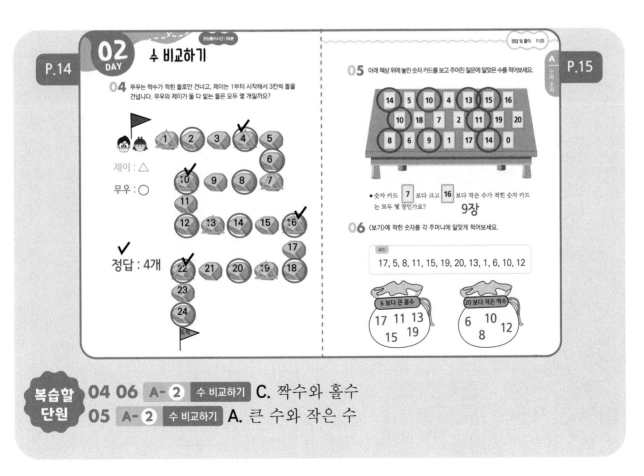

P.14

02 DAY 수 비교하기
권장풀이시간 : 30분

04 무우는 짝수가 적힌 돌로만 건너고, 제이는 1부터 시작해서 3칸씩 돌을 건넙니다. 무우와 제이가 둘 다 밟는 돌은 모두 몇 개일까요?

제이 : △
무우 : ○

정답 : 4개

정답 및 풀이 P.03 A 수와 숫자 P.15

05 아래 책상 위에 놓인 숫자 카드를 보고 주어진 질문에 알맞은 수를 적어보세요.

14	5	10	4	13	15	16
10	2	11	19	20
8	6	9	1	17	14	0

● 숫자 카드 7 보다 크고 16 보다 작은 수가 적힌 숫자 카드는 모두 몇 장인가요? 9장

06 〈보기〉에 적힌 숫자를 각 주머니에 알맞게 적어보세요.

보기
17, 5, 8, 11, 15, 19, 20, 13, 1, 6, 10, 12

6 보다 큰 홀수
17 11 13 15 19

20 보다 작은 짝수
6 10 8 12

복습할 단원
04 06 A-2 수 비교하기 C. 짝수와 홀수
05 A-2 수 비교하기 A. 큰 수와 작은 수

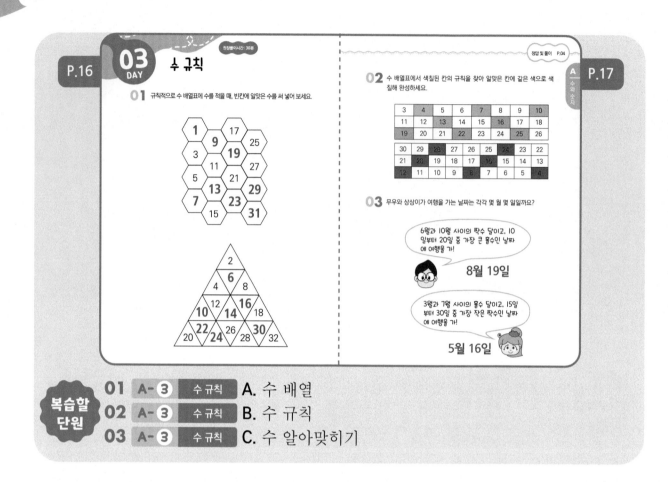

P.16

03 DAY 수 규칙

01 규칙적으로 수 배열표에 수를 적을 때, 빈칸에 알맞은 수를 써 넣어 보세요.

정답 및 풀이 P.04 P.17

02 수 배열표에서 색칠된 칸의 규칙을 찾아 알맞은 칸에 같은 색으로 색칠해 완성하세요.

03 무우와 상상이가 여행을 가는 날짜는 각각 몇 월 몇 일일까요?

6월과 10월 사이의 짝수 달이고, 10일부터 20일 중 가장 큰 홀수인 날짜에 여행을 가!

8월 19일

3월과 7월 사이의 홀수 달이고, 15일부터 30일 중 가장 작은 짝수인 날짜에 여행을 가!

5월 16일

복습할 단원

01	A-3	수 규칙	A. 수 배열
02	A-3	수 규칙	B. 수 규칙
03	A-3	수 규칙	C. 수 알아맞히기

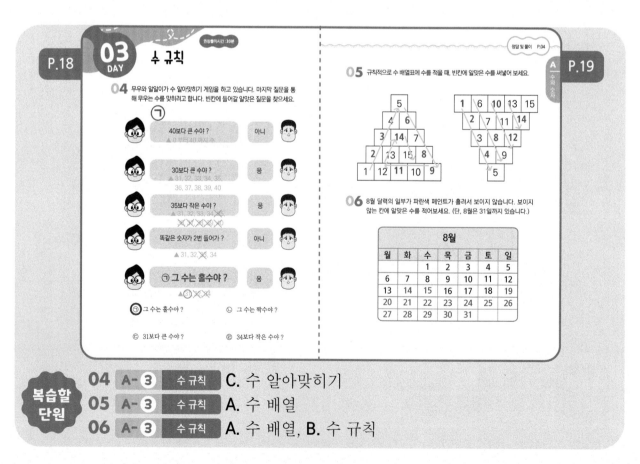

P.18

03 DAY 수 규칙

04 무우와 알알이가 수 알아맞히기 게임을 하고 있습니다. 마지막 질문을 통해 무우는 수를 맞히려고 합니다. 빈칸에 들어갈 알맞은 질문을 찾으세요.

㉠

40보다 큰 수야? — 아니
▲ 0부터 40까지 수

30보다 큰 수야? — 응
▲ 31, 32, 33, 34, 35, 36, 37, 38, 39, 40

35보다 작은 수야? — 응
▲ 31, 32, 33, 34, 35

똑같은 숫자가 2번 들어가? — 아니
▲ 31, 32, 33, 34

㉠그 수는 홀수야? — 응
▲31, 33

㉠ 그 수는 홀수야?   ㉡ 그 수는 짝수야?

㉢ 31보다 큰 수야?   ㉣ 34보다 작은 수야?

정답 및 풀이 P.04 P.19

05 규칙적으로 수 배열표에 수를 적을 때, 빈칸에 알맞은 수를 써넣어 보세요

06 8월 달력의 일부가 파란색 페인트가 흘러서 보이지 않습니다. 보이지 않는 칸에 알맞은 수를 적어보세요. (단, 8월은 31까지 있습니다.)

8월

월	화	수	목	금	토	일
		1	2	3	4	5
6	7	8	9	10	11	12
13	14	15	16	17	18	19
20	21	22	23	24	25	26
27	28	29	30	31		

복습할 단원

04	A-3	수 규칙	C. 수 알아맞히기
05	A-3	수 규칙	A. 수 배열
06	A-3	수 규칙	A. 수 배열, B. 수 규칙

04 DAY 수 퍼즐

권장풀이시간 : 30분

정답 및 풀이 P.05

01 ○ 안의 수는 ○와 연결된 선의 개수를 나타냅니다. ○ 안의 수에 알맞게 점선을 따라 두꺼운 선으로 그려보세요.

02 무우가 모든 칸을 한 번씩 지나 도착할 수 있도록 적혀있는 1부터 5까지 수를 순서대로 연결하세요.

03 ○ 안의 수만큼 각 줄의 칸을 연속해서 색칠하려고 합니다. 빈칸에 알맞게 색칠해 노노그램을 완성해 보세요.

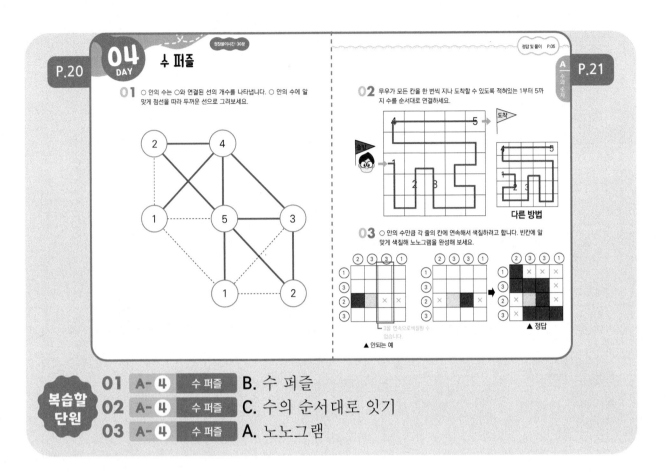

01	A-4	수 퍼즐	B. 수 퍼즐
02	A-4	수 퍼즐	C. 수의 순서대로 잇기
03	A-4	수 퍼즐	A. 노노그램

복습할 단원

---

04 DAY 수 퍼즐

권장풀이시간 : 30분

정답 및 풀이 P.05

04 〈보기〉와 같이 ○ 안의 수를 순서대로 선으로 연결하려고 합니다. ○ 안에 3, 4, 5를 각각 써서 1부터 6까지 순서대로 화살표를 그려보세요.

05 ○ 안의 수는 ○이 연결된 선의 개수를 나타냅니다. 3개의 선을 더 그어 수 퍼즐을 완성하세요. (단, 같은 ○을 선으로 두 번 연결할 수 없습니다.)

06 〈보기〉의 조건에 맞게 1부터 5까지 수를 각각 빈칸에 한 번씩 써넣어 수 퍼즐을 완성하려고 합니다. 완성할 수 있는 수 퍼즐은 모두 몇 개인지 구하세요.

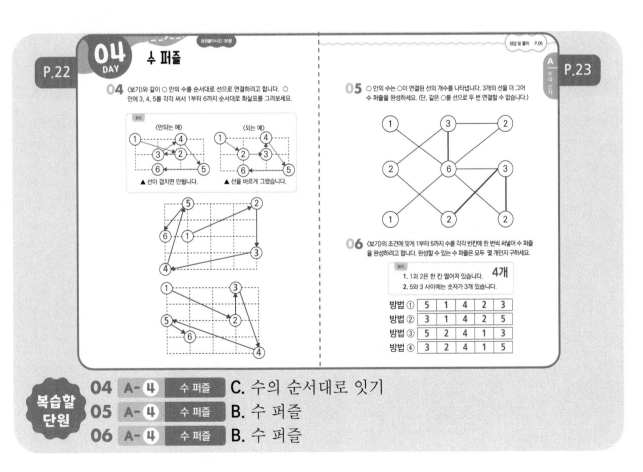

04	A-4	수 퍼즐	C. 수의 순서대로 잇기
05	A-4	수 퍼즐	B. 수 퍼즐
06	A-4	수 퍼즐	B. 수 퍼즐

복습할 단원

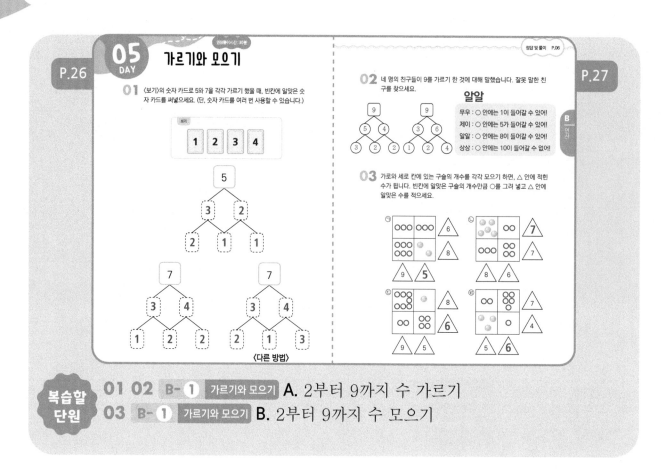

05 DAY 가르기와 모으기

P.26

01 〈보기〉의 숫자 카드로 5와 7을 각각 가르기 했을 때, 빈칸에 알맞은 숫자 카드를 써넣으세요. (단, 숫자 카드를 여러 번 사용할 수 있습니다.)

P.27

02 네 명의 친구들이 9를 가르기 한 것에 대해 말했습니다. 잘못 말한 친구를 찾으세요.

알알

03 가로와 세로 칸에 있는 구슬의 개수를 각각 모으기 하면, △ 안에 적힌 수가 됩니다. 빈칸에 알맞은 구슬의 개수만큼 ○를 그려 넣고 △ 안에 알맞은 수를 적으세요.

복습할 단원

01 02 B-① 가르기와 모으기 **A.** 2부터 9까지 수 가르기
03 B-① 가르기와 모으기 **B.** 2부터 9까지 수 모으기

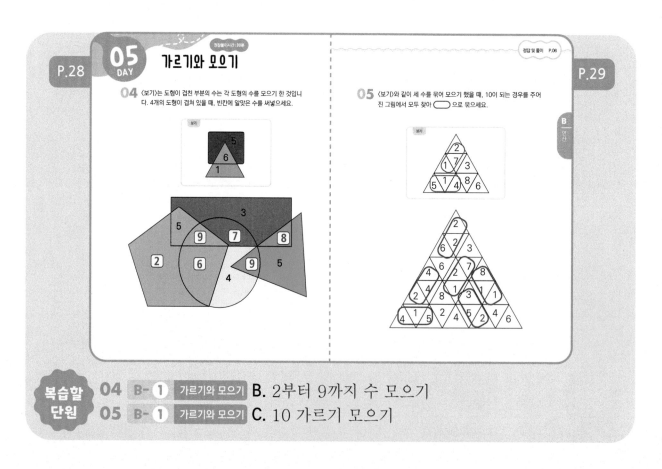

05 DAY 가르기와 모으기

P.28

04 〈보기〉는 도형이 겹친 부분의 수는 각 도형의 수를 모으기 한 것입니다. 4개의 도형이 겹쳐 있을 때, 빈칸에 알맞은 수를 써넣으세요.

P.29

05 〈보기〉와 같이 세 수를 묶어 모으기 했을 때, 10이 되는 경우를 주어진 그림에서 모두 찾아 ⟨⟩ 으로 묶으세요.

복습할 단원

04 B-① 가르기와 모으기 **B.** 2부터 9까지 수 모으기
05 B-① 가르기와 모으기 **C.** 10 가르기 모으기

06 DAY 덧셈과 뺄셈

권장풀이시간 : 30분

정답 및 풀이 P.07

B 연산

01 〈보기〉의 숫자 카드를 여러 번 사용할 때, 세 장의 숫자 카드의 합이 10이 되는 경우를 모두 찾아 빈칸에 알맞은 수를 적으세요.

보기

| 1 | 2 | 3 |
| 6 | 7 | 8 |

$1 + 2 + 7 = 10$

$2 + 2 + 6 = 10$

$1 + 3 + 6 = 10$

$1 + 1 + 8 = 10$

02 겹치지 않게 두 수의 덧셈 또는 뺄셈이 파란색 사각형 안의 수가 되도록 선으로 연결하세요.

| 3 | 7 | 8 | 9 |

| -2 | -5 | +4 | +3 |

| 6 | 3 | 7 | 11 |

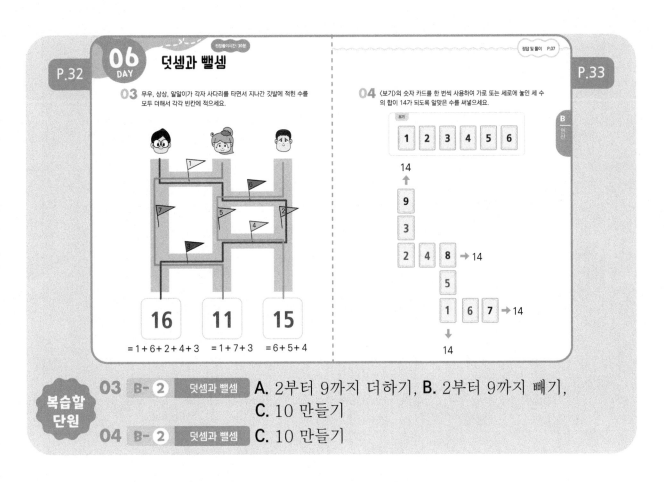

복습할 단원

01 B-❷ 덧셈과 뺄셈 **C.** 10 만들기

02 B-❷ 덧셈과 뺄셈 **A.** 2부터 9까지 더하기, **B.** 2부터 9까지 빼기

06 DAY 덧셈과 뺄셈

권장풀이시간 : 30분

정답 및 풀이 P.07

B 연산

03 무우, 상상, 알알이가 각자 사다리를 타면서 지나간 깃발에 적힌 수를 모두 더해서 각각 빈칸에 적으세요.

16 = 1+6+2+4+3

11 = 1+7+3

15 = 6+5+4

04 〈보기〉의 숫자 카드를 한 번씩 사용하여 가로 또는 세로로 놓인 세 수의 합이 14가 되도록 알맞은 수를 써넣으세요.

보기

| 1 | 2 | 3 | 4 | 5 | 6 |

14
↑
9
3
2 4 8 → 14
5
1 6 7 → 14
↓
14

복습할 단원

03 B-❷ 덧셈과 뺄셈 **A.** 2부터 9까지 더하기, **B.** 2부터 9까지 빼기, **C.** 10 만들기

04 B-❷ 덧셈과 뺄셈 **C.** 10 만들기

정답 및 풀이

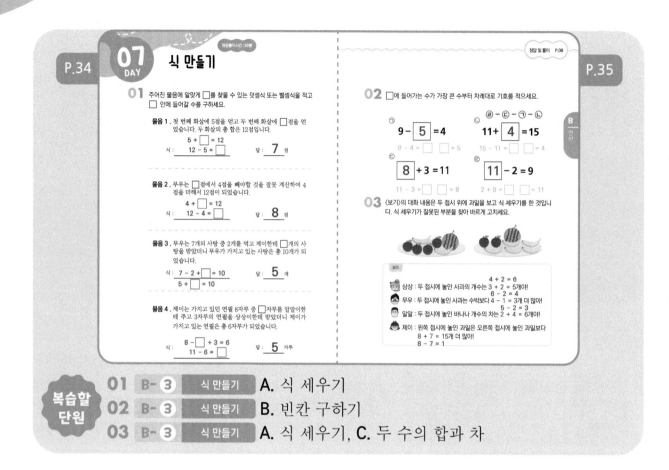

07 DAY 식 만들기

01 주어진 물음에 알맞게 ☐를 찾을 수 있는 덧셈식 또는 뺄셈식을 적고 ☐ 안에 들어갈 수를 구하세요.

물음 1. 첫 번째 화살에 5점을 얻고 두 번째 화살에 ☐점을 얻었습니다. 두 화살의 총 합은 12점입니다.

5 + ☐ = 12

식 : 12 - 5 = ☐   답 : **7** 점

물음 2. 무우는 ☐점에서 4점을 빼야할 것을 잘못 계산하여 4점을 더해서 12점이 되었습니다.

4 + ☐ = 12

식 : 12 - 4 = ☐   답 : **8** 점

물음 3. 무우는 7개의 사탕 중 2개를 먹고 제이한테 ☐개의 사탕을 받았더니 무우가 가지고 있는 사탕은 총 10개가 되었습니다.

식 : 7 - 2 + ☐ = 10   답 : **5** 개
5 + ☐ = 10

물음 4. 제이는 가지고 있던 연필 8자루 중 ☐자루를 알알이한테 주고 3자루의 연필을 상상이한테 받았더니 제이가 가지고 있는 연필은 총 6자루가 되었습니다.

식 : 8 - ☐ + 3 = 6   답 : **5** 자루
11 - 6 = ☐

02 ☐에 들어가는 수가 가장 큰 수부터 차례대로 기호를 적으세요.

ⓒ - ⓔ - ⓐ - ⓑ

ⓐ 9 - **5** = 4   ⓑ 11 + **4** = 15
   9 - 4 = ☐ ☐ = 5   15 - 11 = ☐ ☐ = 4

ⓒ **8** + 3 = 11   ⓔ **11** - 2 = 9
   11 - 3 = ☐ ☐ = 8   2 + 9 = ☐ ☐ = 11

03 〈보기〉의 대화 내용은 두 접시 위에 과일을 보고 식 세우기를 한 것입니다. 식 세우기가 잘못된 부분을 찾아 바르게 고치세요.

보기

4 + 2 = 6
상상 : 두 접시에 놓인 사과의 개수는 3 + 2 = 5개야!
      6 - 2 = 4
무우 : 두 접시에 놓인 사과는 수박보다 4 - 1 = 3개 더 많아!
      5 - 2 = 3
알알 : 두 접시에 놓인 바나나 개수의 차는 2 + 4 = 6개야!
      8 - 7 = 1
제이 : 왼쪽 접시에 놓인 과일은 오른쪽 접시에 놓인 과일보다
      8 + 7 = 15개 더 많아!
      8 - 7 = 1

복습할 단원

01 B- ③ 식 만들기 **A.** 식 세우기
02 B- ③ 식 만들기 **B.** 빈칸 구하기
03 B- ③ 식 만들기 **A.** 식 세우기, **C.** 두 수의 합과 차

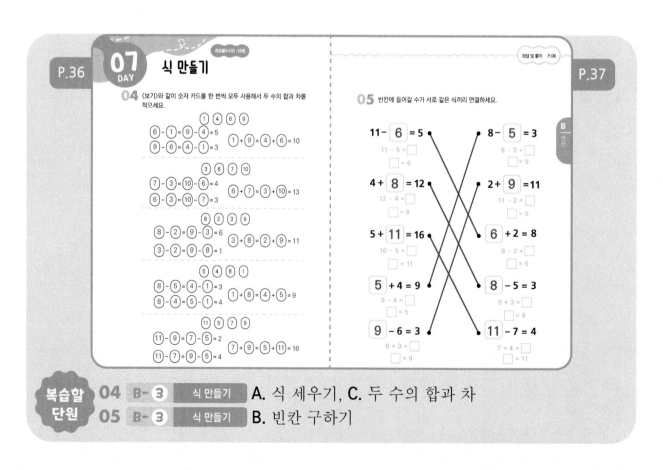

07 DAY 식 만들기

04 〈보기〉와 같이 숫자 카드를 한 번씩 모두 사용해서 두 수의 합과 차를 적으세요.

① ④ ⑥ ⑨

⑥ - ① = ⑨ - ④ = 5   ① + ⑨ = ④ + ⑥ = 10
⑨ - ⑥ = ④ - ① = 3

③ ⑥ ⑦ ⑩

⑦ - ③ = ⑩ - ⑥ = 4   ⑥ + ⑦ = ③ + ⑩ = 13
⑥ - ③ = ⑩ - ⑦ = 3

⑧ ② ⑨ ③

⑧ - ② = ⑨ - ③ = 6   ③ + ⑧ = ② + ⑨ = 11
③ - ② = ⑨ - ⑧ = 1

⑤ ④ ⑧ ①

⑧ - ⑤ = ④ - ① = 3   ① + ⑧ = ④ + ⑤ = 9
⑧ - ④ = ⑤ - ① = 4

⑪ ⑤ ⑦ ⑨

⑪ - ⑨ = ⑦ - ⑤ = 2   ⑦ + ⑨ = ⑤ + ⑪ = 16
⑪ - ⑦ = ⑨ - ⑤ = 4

05 빈칸에 들어갈 수가 서로 같은 식끼리 연결하세요.

11 - **6** = 5   8 - **5** = 3
11 - 5 = ☐   8 - 3 = ☐
☐ = 6   ☐ = 5

4 + **8** = 12   2 + **9** = 11
12 - 4 = ☐   11 - 2 = ☐
☐ = 8   ☐ = 9

5 + **11** = 16   **6** + 2 = 8
16 - 5 = ☐   8 - 2 = ☐
☐ = 11   ☐ = 6

5 + 4 = 9   **8** - 5 = 3
9 - 4 = ☐   5 + 3 = ☐
☐ = 5   ☐ = 8

9 - 6 = 3   **11** - 7 = 4
6 + 3 = ☐   7 + 4 = ☐
☐ = 9   ☐ = 11

복습할 단원

04 B- ③ 식 만들기 **A.** 식 세우기, **C.** 두 수의 합과 차
05 B- ③ 식 만들기 **B.** 빈칸 구하기

08 DAY 연산 퍼즐

관장풀이시간: 30분

정답 및 풀이 P.09

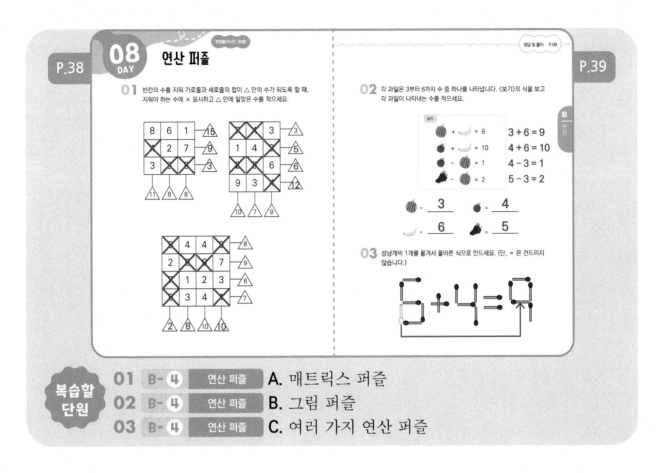

B 연산

01 빈칸의 수를 지워 가로줄과 세로줄의 합이 △ 안의 수가 되도록 할 때, 지워야 하는 수에 × 표시하고 △ 안에 알맞은 수를 적으세요.

02 각 과일은 3부터 6까지 수 중 하나를 나타냅니다. 〈보기〉의 식을 보고 각 과일이 나타내는 수를 적으세요.

03 성냥개비 1개를 옮겨서 올바른 식으로 만드세요. (단, = 은 건드리지 않습니다.)

복습할 단원

01	B-4	연산 퍼즐	A. 매트릭스 퍼즐
02	B-4	연산 퍼즐	B. 그림 퍼즐
03	B-4	연산 퍼즐	C. 여러 가지 연산 퍼즐

---

08 DAY 연산 퍼즐

관장풀이시간: 30분

정답 및 풀이 P.09

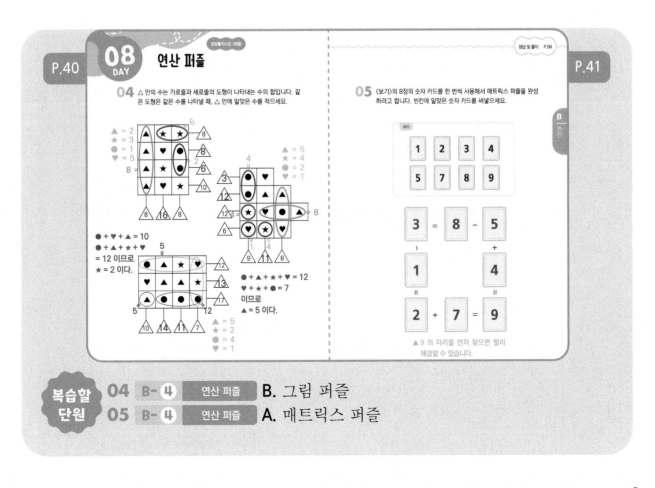

B 연산

04 △ 안의 수는 가로줄과 세로줄의 도형이 나타내는 수의 합입니다. 같은 도형은 같은 수를 나타낼 때, △ 안에 알맞은 수를 적으세요.

05 〈보기〉의 8장의 숫자 카드를 한 번씩 사용해서 매트릭스 퍼즐을 완성하려고 합니다. 빈칸에 알맞은 숫자 카드를 써넣으세요.

복습할 단원

| 04 | B-4 | 연산 퍼즐 | B. 그림 퍼즐 |
| 05 | B-4 | 연산 퍼즐 | A. 매트릭스 퍼즐 |

정답 및 풀이

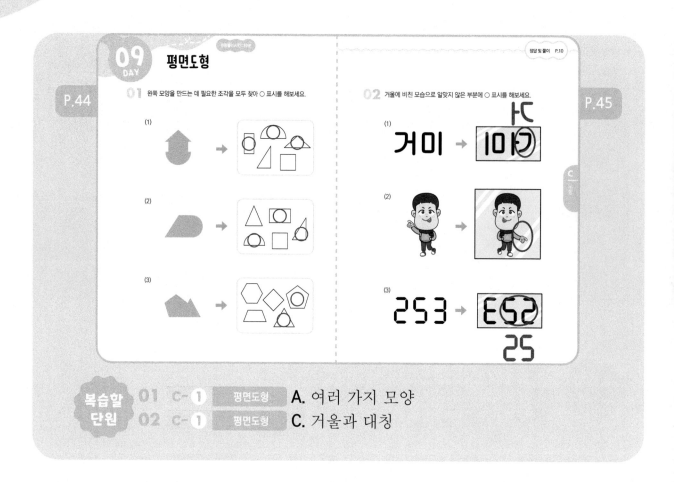

01 왼쪽 모양을 만드는 데 필요한 조각을 모두 찾아 ○ 표시를 해보세요.

(1)

(2)

(3)

02 거울에 비친 모습으로 알맞지 않은 부분에 ○ 표시를 해보세요.

(1) 거미

(2)

(3) 253

복습할 단원
01 C-① 평면도형 **A.** 여러 가지 모양
02 C-① 평면도형 **C.** 거울과 대칭

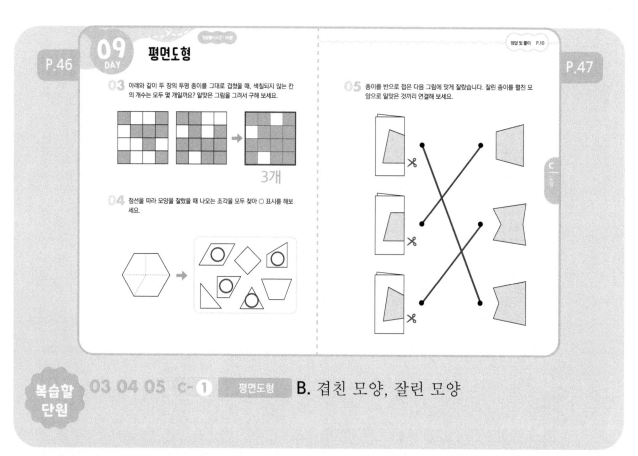

03 아래와 같이 두 장의 투명 종이를 그대로 겹쳤을 때, 색칠되지 않는 칸의 개수는 모두 몇 개일까요? 알맞은 그림을 그려서 구해 보세요.

3개

04 점선을 따라 모양을 잘랐을 때 나오는 조각을 모두 찾아 ○ 표시를 해보세요.

05 종이를 반으로 접은 다음 그림에 맞게 잘랐습니다. 잘린 종이를 펼친 모양으로 알맞은 것끼리 연결해 보세요.

복습할 단원
03 04 05 C-① 평면도형 **B.** 겹친 모양, 잘린 모양

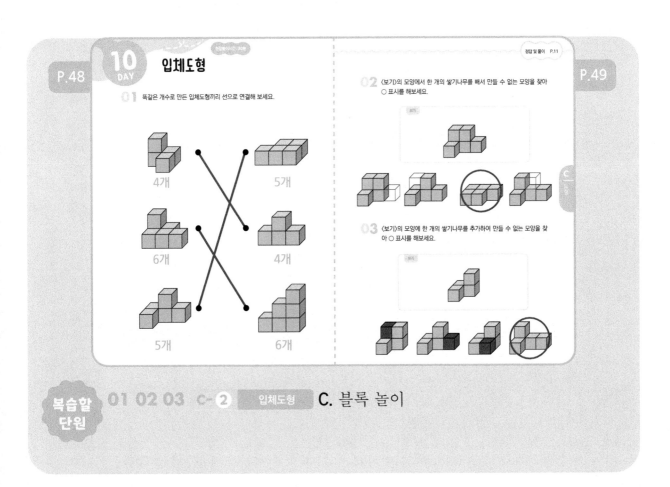

10 DAY 입체도형

01 똑같은 개수로 만든 입체도형끼리 선으로 연결해 보세요.

02 〈보기〉의 모양에서 한 개의 쌓기나무를 빼서 만들 수 없는 모양을 찾아 ○ 표시를 해보세요.

03 〈보기〉의 모양에 한 개의 쌓기나무를 추가하여 만들 수 없는 모양을 찾아 ○ 표시를 해보세요.

복습할 단원 01 02 03 C-❷ 입체도형 C. 블록 놀이

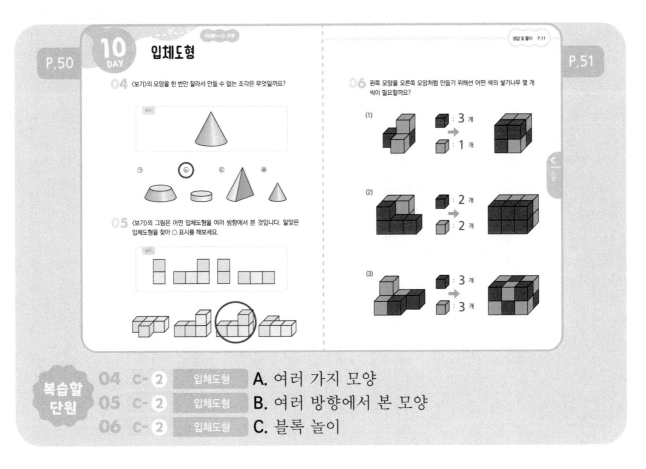

10 DAY 입체도형

04 〈보기〉의 모양을 한 번만 잘라서 만들 수 없는 조각은 무엇일까요?

05 〈보기〉의 그림은 어떤 입체도형을 여러 방향에서 본 것입니다. 알맞은 입체도형을 찾아 ○ 표시를 해보세요.

06 왼쪽 모양을 오른쪽 모양처럼 만들기 위해선 어떤 색의 쌓기나무 몇 개 씩이 필요할까요?

(1) : 3 개 : 1 개

(2) : 2 개 : 2 개

(3) : 3 개 : 3 개

복습할 단원
04 C-❷ 입체도형 A. 여러 가지 모양
05 C-❷ 입체도형 B. 여러 방향에서 본 모양
06 C-❷ 입체도형 C. 블록 놀이

정답 및 풀이

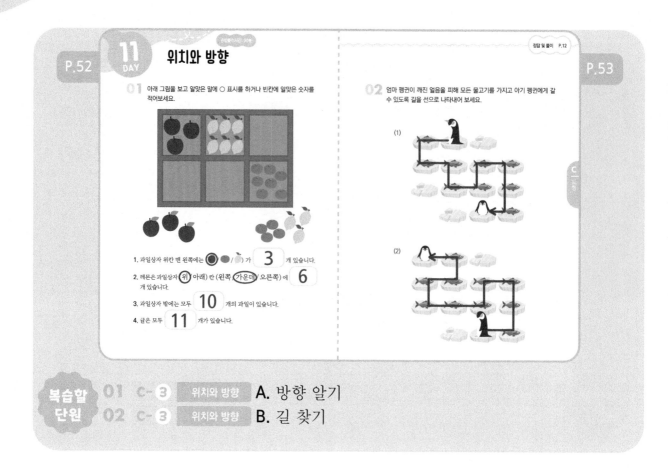

11 DAY 위치와 방향

01 아래 그림을 보고 알맞은 말에 ○ 표시를 하거나 빈칸에 알맞은 숫자를 적어보세요.

1. 과일상자 위칸 맨 왼쪽에는 (○) / 가 **3** 개 있습니다.
2. 레몬은 과일상자 (위) 아래) 칸 (왼쪽 (가운데) 오른쪽) 에 **6** 개 있습니다.
3. 과일상자 밖에는 모두 **10** 개의 과일이 있습니다.
4. 귤은 모두 **11** 개가 있습니다.

02 엄마 펭귄이 깨진 얼음을 피해 모든 물고기를 가지고 아기 펭귄에게 갈 수 있도록 길을 선으로 나타내어 보세요.

(1)

(2)

복습할 단원
01	C-❸	위치와 방향	**A.** 방향 알기
02	C-❸	위치와 방향	**B.** 길 찾기

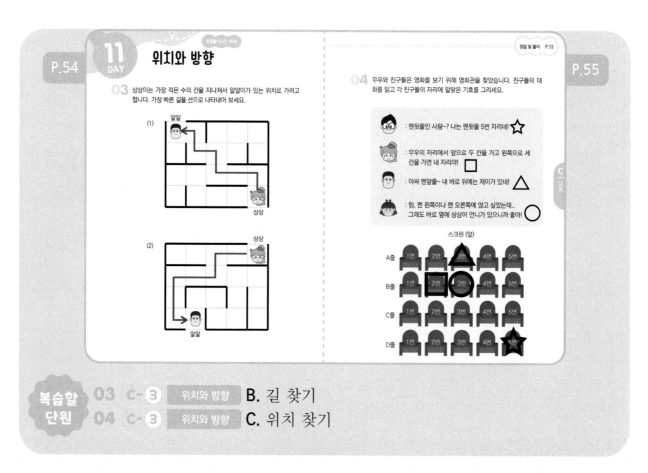

11 DAY 위치와 방향

03 상상이는 가장 적은 수의 칸을 지나쳐서 알알이가 있는 위치로 가려고 합니다. 가장 빠른 길을 선으로 나타내어 보세요.

(1) 알알 / 상상

(2) 상상 / 알알

04 무우와 친구들은 영화를 보기 위해 영화관을 찾았습니다. 친구들의 대화를 읽고 각 친구들의 자리에 알맞은 기호를 그리세요.

- : 맨뒷줄인 사람~? 나는 맨뒷줄 5번 자리네! ☆
- : 무우의 자리에서 앞으로 두 칸을 가고 왼쪽으로 세 칸을 가면 내 자리야! ☐
- : 야싸 맨앞줄~ 내 바로 뒤에는 제이가 있네! △
- : 힝, 맨 왼쪽이나 맨 오른쪽에 앉고 싶었는데.. 그래도 바로 옆에 상상이 언니가 있으니까 좋아! ○

스크린 (앞)

A줄: 1번 2번 △3번 4번 5번
B줄: 1번 ☐2번 ○3번 4번 5번
C줄: 1번 2번 3번 4번 5번
D줄: 1번 2번 3번 4번 ★5번

복습할 단원
03	C-❸	위치와 방향	**B.** 길 찾기
04	C-❸	위치와 방향	**C.** 위치 찾기

12 DAY 도형 퍼즐

01 아래 그림에서 〈보기〉의 모양을 모두 찾아 색칠하세요.

02 〈보기〉의 패턴블럭을 이용하여 모양을 완성하려고 합니다. 이용한 패턴 블럭의 수를 가장 적게 사용하려고 합니다. 모양에 선을 그은 후, 색칠 해 보세요. (단, 같은 조각을 여러 번 사용할 수 있습니다.)

03 아래 두 그림에서 서로 다른 곳을 찾아 ○ 표시 하세요.

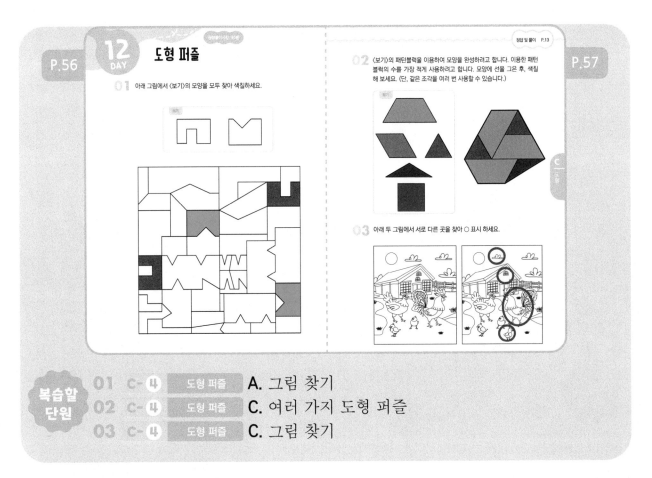

12 DAY 도형 퍼즐

04 주어진 칠교 조각을 모두 사용하여 모양을 완성하려고 합니다. 빈 곳에 알맞은 조각을 찾아 선으로 그은 후, 색칠해 보세요.

05 아래와 같이 두 장의 유리를 겹쳐서 나올 수 있는 모양을 모두 찾아 ○ 표시 하세요.

06 주어진 테트로미노 중에서 두 가지 조각을 사용하여 서로 다른 3 가지 방법으로 모양을 완성하려고 합니다. 모양에 선으로 그은 후, 색칠해 보 세요. (단, 같은 조각을 여러 번 사용할 수 있습니다.)

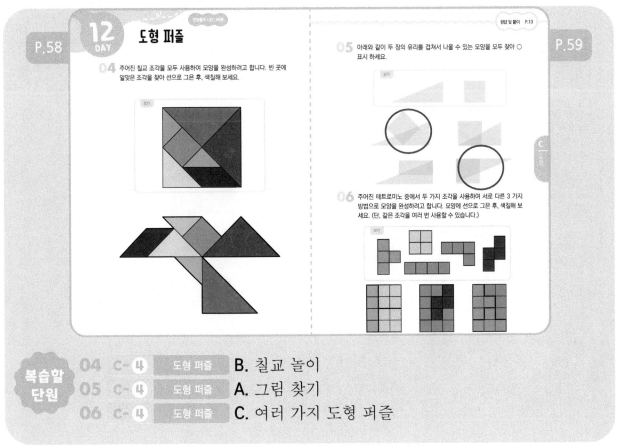

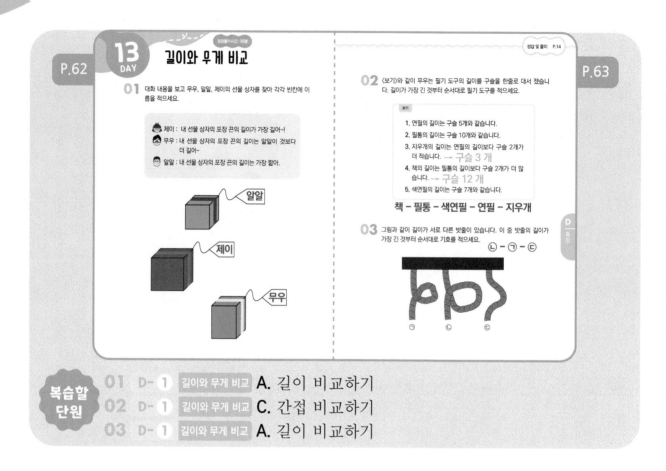

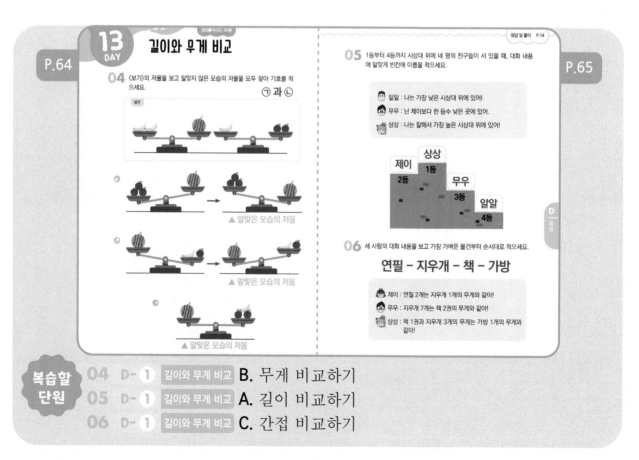

14 DAY 넓이와 둘이 비교

01 주어진 물통을 보고 바르게 말한 사람을 찾아 적으세요. **알알**

02 〈보기〉의 세 사람의 대화 내용을 보고 가장 넓은 색종이부터 순서대로 색깔을 적으세요.

> 제이 : 빨간 색종이 2장의 넓이와 파란 색종이 1개의 넓이가 서로 같아!
> 무우 : 노란 색종이 2장의 넓이와 빨간 색종이 6장의 넓이가 서로 같아!
> 상상 : 파란 색종이 1장과 노란 색종이 1개를 이어 붙인 넓이와 보라 색종이 1개의 넓이가 같아!

보라 - 노랑 - 파랑 - 빨강

03 〈보기〉와 같이 물통의 크기와 물의 양이 서로 다른 물통 3개가 있습니다. 주어진 물음에 알맞은 정답을 적으세요.

물음 1. 물병의 입구가 가장 좁은 순서대로 기호를 적으세요.

정답 : ⓛ, ⓒ, ㉠

물음 2. 물이 가장 많이 담긴 물통부터 순서대로 적으세요.

정답 : ⓒ, ㉠, ⓛ

복습할 단원

01 D-2 넓이와 둘이 비교 **B.** 둘이 비교하기
02 D-2 넓이와 둘이 비교 **A.** 넓이 비교하기
03 D-2 넓이와 둘이 비교 **B.** 둘이 비교하기

---

14 DAY 넓이와 둘이 비교

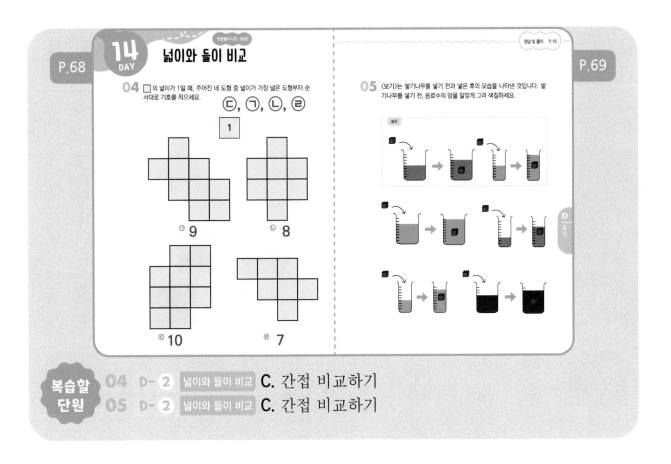

04 □의 넓이가 1일 때, 주어진 네 도형 중 넓이가 가장 넓은 도형부터 순서대로 기호를 적으세요. **ⓒ, ㉠, ⓛ, ㉣**

1

㉠ 9
ⓛ 8
ⓒ 10
㉣ 7

05 〈보기〉는 쌓기나무를 넣기 전과 넣은 후의 모습을 나타낸 것입니다. 쌓기나무를 넣기 전, 음료수의 양을 알맞게 그려 색칠하세요.

복습할 단원

04 D-2 넓이와 둘이 비교 **C.** 간접 비교하기
05 D-2 넓이와 둘이 비교 **C.** 간접 비교하기

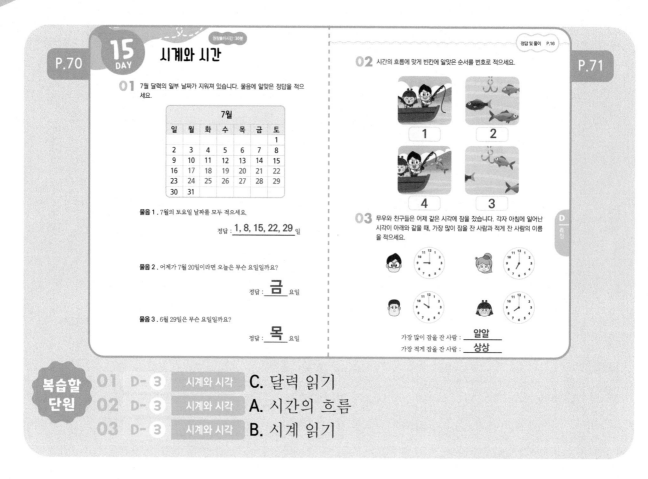

15 DAY 시계와 시간

권장풀이시간: 30분

01 7월 달력의 일부 날짜가 지워져 있습니다. 물음에 알맞은 정답을 적으세요.

			7월			
일	월	화	수	목	금	토
						1
2	3	4	5	6	7	8
9	10	11	12	13	14	15
16	17	18	19	20	21	22
23	24	25	26	27	28	29
30	31					

물음 1. 7월의 토요일 날짜를 모두 적으세요.

정답 : **1, 8, 15, 22, 29** 일

물음 2. 어제가 7월 20일이라면 오늘은 무슨 요일일까요?

정답 : **금** 요일

물음 3. 6월 29일은 무슨 요일일까요?

정답 : **목** 요일

02 시간의 흐름에 맞게 빈칸에 알맞은 순서를 번호로 적으세요.

1 **2**
4 **3**

03 무우와 친구들은 어제 같은 시각에 잠을 잤습니다. 각자 아침에 일어난 시각이 아래와 같을 때, 가장 많이 잠을 잔 사람과 적게 잔 사람의 이름을 적으세요.

가장 많이 잠을 잔 사람 : **알알**
가장 적게 잠을 잔 사람 : **상상**

복습할 단원
01 D-❸ 시계와 시각 **C.** 달력 읽기
02 D-❸ 시계와 시각 **A.** 시간의 흐름
03 D-❸ 시계와 시각 **B.** 시계 읽기

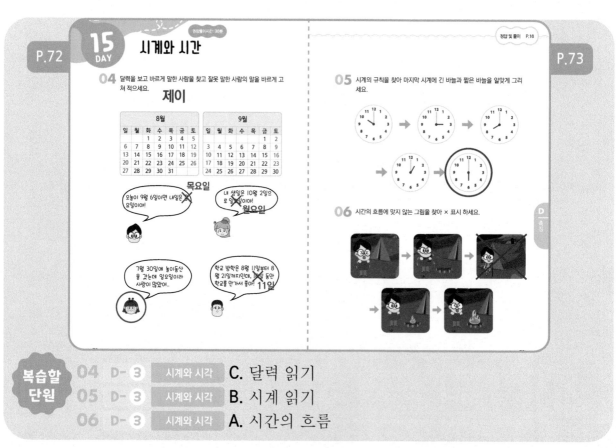

15 DAY 시계와 시간

권장풀이시간: 30분

04 달력을 보고 바르게 말한 사람을 찾고 잘못 말한 사람의 말을 바르게 고쳐 적으세요.

제이

			8월			
일	월	화	수	목	금	토
		1	2	3	4	5
6	7	8	9	10	11	12
13	14	15	16	17	18	19
20	21	22	23	24	25	26
27	28	29	30	31		

			9월			
일	월	화	수	목	금	토
					1	2
3	4	5	6	7	8	9
10	11	12	13	14	15	16
17	18	19	20	21	22	23
24	25	26	27	28	29	30

오늘이 9월 6일이면 내일은 ~~일~~ 요일이야! → **목요일**

내 생일인 10월 2일은 ~~월요일~~ 이야! → **월요일**

7월 30일에 놀이동산을 갔는데 일요일이라 사람이 많았어..

학교 방학은 8월 11일부터 8월 21일까지인데, ~~11일~~ 동안 학교를 안가서 좋아! → **11일**

05 시계의 규칙을 찾아 마지막 시계에 긴 바늘과 짧은 바늘을 알맞게 그리세요.

06 시간의 흐름에 맞지 않는 그림을 찾아 × 표시 하세요.

복습할 단원
04 D-❸ 시계와 시각 **C.** 달력 읽기
05 D-❸ 시계와 시각 **B.** 시계 읽기
06 D-❸ 시계와 시각 **A.** 시간의 흐름

01 커튼 뒤에 있는 물건이 아닌 것을 모두 찾아 기호로 적으세요.

ⓛ,ⓒ,ⓑ

02 아래의 모양에서 찾을 수 없는 조각을 찾아 기호로 적으세요.

ⓔ

D 측정

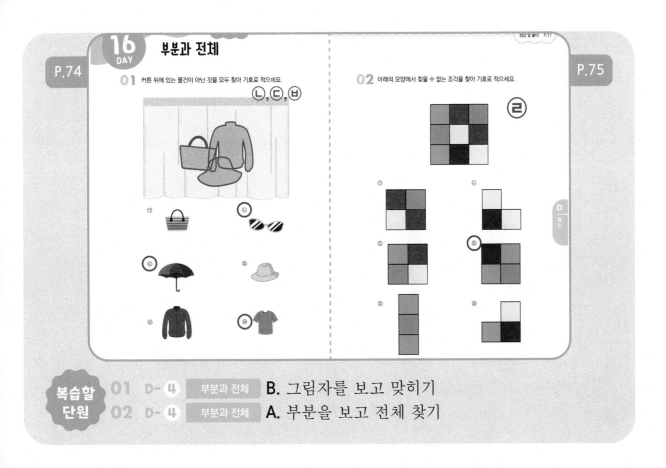

복습할 단원

01 D-④ 부분과 전체 **B.** 그림자를 보고 맞히기

02 D-④ 부분과 전체 **A.** 부분을 보고 전체 찾기

03 무우와 친구들은 각자 물이 가득 찬 물컵의 물을 5분 동안 마셨습니다. 가장 천천히 마신 사람부터 순서대로 이름을 적으세요.

무우-제이-상상-알알

04 세 사람이 돌다리를 사다리 타기로 건넜을 때, 걸린 시간이 적혀있습니다. 가장 느리게 돌다리를 건넌 사람은 누구일까요? **무우**

1시간 상상 : 13개   2시간 무우 : 16개   30분 제이 : 16개

05 망원경으로 멀리 있는 동물을 관찰했습니다. 관찰한 동물들을 찾아 선으로 연결하세요.

D 측정

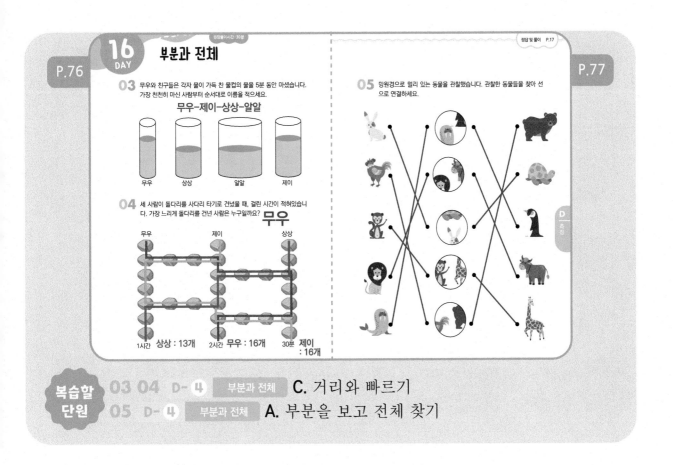

복습할 단원

03 04 D-④ 부분과 전체 **C.** 거리와 빠르기

05 D-④ 부분과 전체 **A.** 부분을 보고 전체 찾기

정답 및 풀이

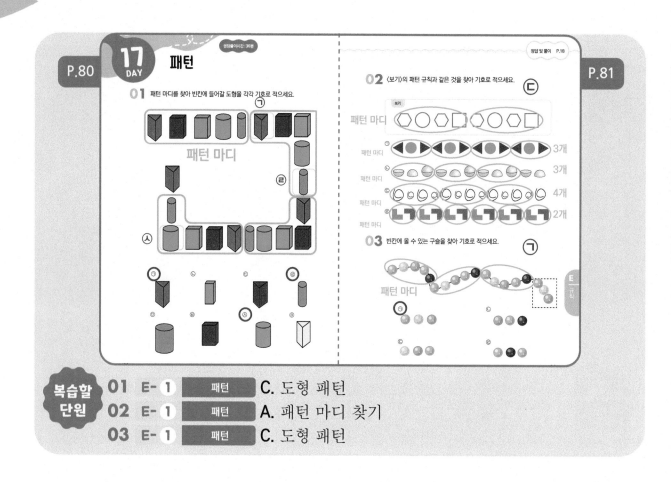

17 DAY 패턴

권장풀이시간 : 30분

01 패턴 마디를 찾아 빈칸에 들어갈 도형을 각각 기호로 적으세요.

패턴 마디

02 〈보기〉의 패턴 규칙과 같은 것을 찾아 기호로 적으세요. ㉢

보기

패턴 마디

패턴 마디 3개
패턴 마디 3개
패턴 마디 4개
패턴 마디 2개

03 빈칸에 올 수 있는 구슬을 찾아 기호로 적으세요. ㉠

패턴 마디

E 규칙

복습할 단원

01 E-❶ 패턴 **C.** 도형 패턴
02 E-❶ 패턴 **A.** 패턴 마디 찾기
03 E-❶ 패턴 **C.** 도형 패턴

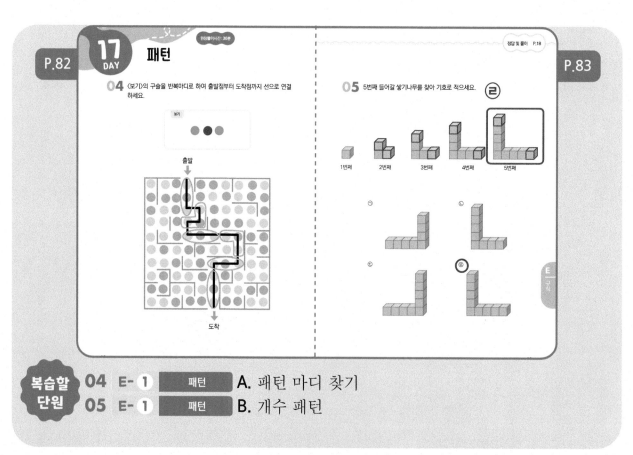

17 DAY 패턴

권장풀이시간 : 30분

04 〈보기〉의 구슬을 반복마디로 하여 출발점부터 도착점까지 선으로 연결하세요.

보기

출발

도착

05 5번째 들어갈 쌓기나무를 찾아 기호로 적으세요. ㉣

1번째 2번째 3번째 4번째 5번째

㉠ ㉡
㉢ ㉣

E 규칙

복습할 단원

04 E-❶ 패턴 **A.** 패턴 마디 찾기
05 E-❶ 패턴 **B.** 개수 패턴

18 DAY 이중 패턴

권장풀이시간: 30분

정답 및 풀이 P.19

01 패턴에 이어서 올 수 있는 것을 찾아 연결하세요.

02 표 안의 가로와 세로의 규칙을 찾아 □에 알맞은 모양을 그리세요.

03 규칙을 찾아 빈칸에 들어갈 숫자를 기호로 적으세요.

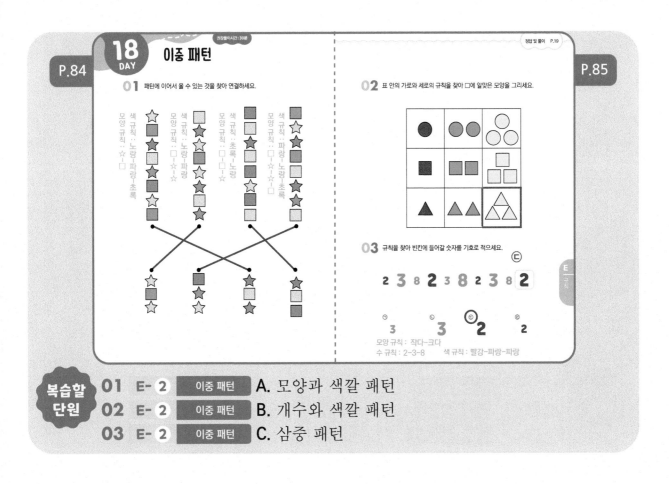

ⓒ

2 3 8 2 3 8 2 3 8 2

ⓐ 3   ⓑ 3   ⓒ 2   ⓓ 2

모양 규칙 : 작다-크다
수 규칙 : 2-3-8   색 규칙 : 빨강-파랑-파랑

E 규칙

복습할 단원			
01	E-2	이중 패턴	A. 모양과 색깔 패턴
02	E-2	이중 패턴	B. 개수와 색깔 패턴
03	E-2	이중 패턴	C. 삼중 패턴

---

18 DAY 이중 패턴

권장풀이시간: 30분

정답 및 풀이 P.19

04 규칙에 맞게 빈칸에 들어갈 도형을 그리세요.

05 대화 내용을 보고 각 친구들이 규칙에 맞게 도형을 연결한 후, 도착하는 곳의 기호를 각각 적으세요.

무우: 모양은 (△ □ ○)으로 반복되고 색은 빨강, 파랑, 초록으로 돼~
상상: 모양은 (□ ○)으로 반복되고 색은 파랑, 파랑, 초록으로 반복 돼~
알알: 모양은 (△ ○ ○)으로 반복되고 색은 빨강, 노랑, 초록으로 반복 돼~
제이: 모양은 (○ □)으로 반복되고 색은 노랑, 초록, 파랑으로 반복 돼~

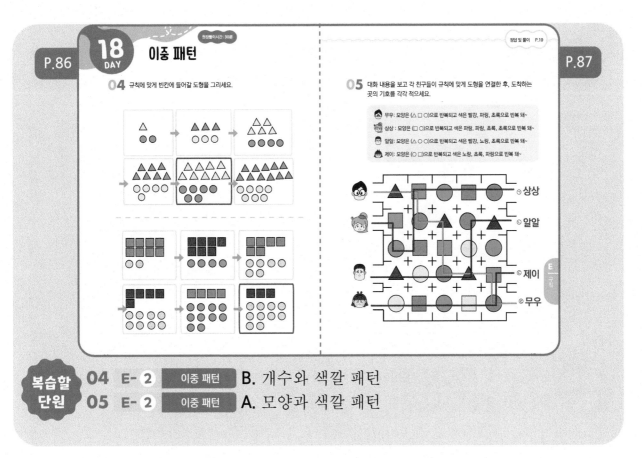

ⓐ 상상
ⓑ 알알
ⓒ 제이
ⓓ 무우

E 규칙

복습할 단원			
04	E-2	이중 패턴	B. 개수와 색깔 패턴
05	E-2	이중 패턴	A. 모양과 색깔 패턴

정답 및 풀이

19 DAY 관계 규칙

권장풀이시간: 30분

01 상자의 도형 규칙을 찾아 □에 알맞은 도형을 각각 그리세요.

02 〈보기〉의 화살표 규칙을 찾아 빈칸에 들어갈 알맞은 수를 적으세요.

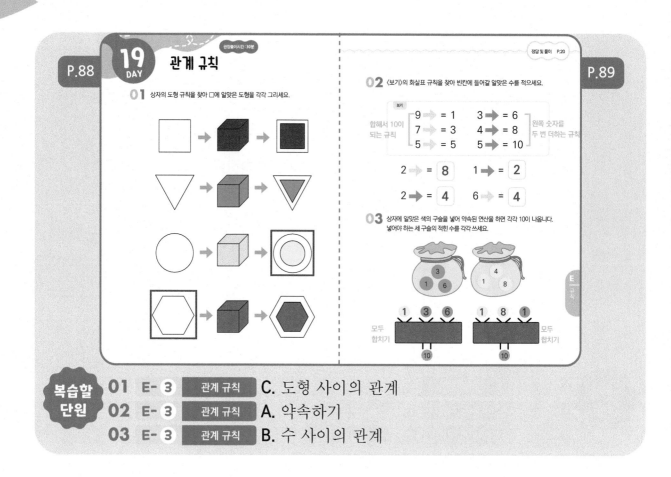

보기

합해서 10이
되는 규칙

9 ➡ = 1   3 ➡ = 6
7 ➡ = 3   4 ➡ = 8   왼쪽 숫자를
5 ➡ = 5   5 ➡ = 10   두 번 더하는 규칙

2 ➡ = **8**   1 ➡ = **2**

2 ➡ = **4**   6 ➡ = **4**

03 상자에 알맞은 색의 구슬을 넣어 약속된 연산을 하면 각각 10이 나옵니다.
넣어야 하는 세 구슬의 적힌 수를 각각 쓰세요.

모두
합치기   모두
합치기

10   10

복습할 단원				
01	E-3	관계 규칙	**C.** 도형 사이의 관계
02	E-3	관계 규칙	**A.** 약속하기
03	E-3	관계 규칙	**B.** 수 사이의 관계

19 DAY 관계 규칙

권장풀이시간: 30분

04 상자의 도형 규칙을 찾아 알맞은 도형이 되도록 색칠하세요.

05 〈보기〉의 도형 규칙과 같도록 빈칸에 알맞은 도형의 기호를 적으세요.

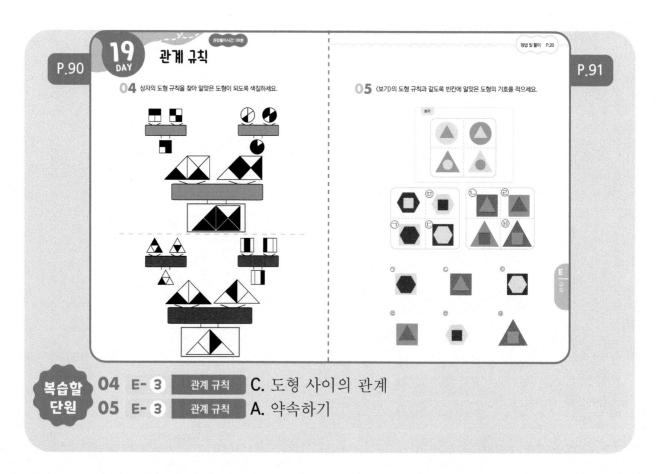

보기

복습할 단원				
04	E-3	관계 규칙	**C.** 도형 사이의 관계
05	E-3	관계 규칙	**A.** 약속하기

20 DAY 여러 가지 규칙

권장풀이시간 : 30분

01 규칙에 맞게 도형의 빈칸에 알맞게 색칠하세요.

02 시계를 보고 규칙을 잘못 말한 사람의 이름을 적으세요. **상상**

무우 : 시침이 시계 방향으로 8칸씩 움직이는 규칙이 있어!

알알 : 패턴 마디는 시계 3개로 반복 돼!

제이 : 시침이 반시계 방향으로 4칸씩 움직이는 규칙이 있어!

상상 : 시간이 ~~9시~~, 5시, 1시로 반복 돼!

9시

03 그림을 보고 규칙에 맞게 빈칸에 알맞게 색칠하세요.

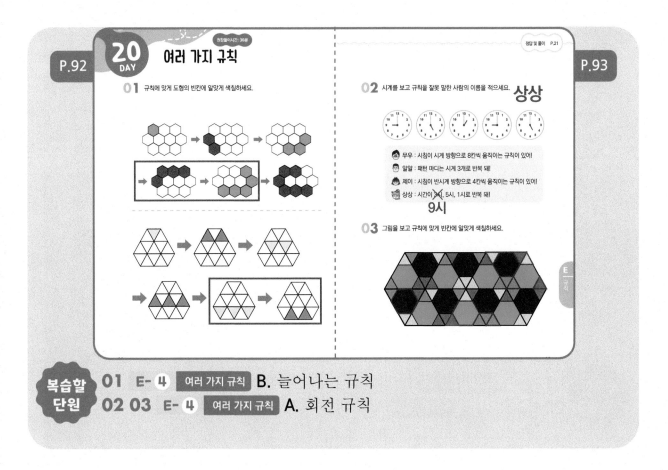

복습할 단원

01 E- 4 여러 가지 규칙 **B.** 늘어나는 규칙

02 03 E- 4 여러 가지 규칙 **A.** 회전 규칙

---

20 DAY 여러 가지 규칙

권장풀이시간 : 30분

04 가로, 세로의 규칙을 보고 빈칸에 들어갈 모양을 기호로 적으세요.

05 제이가 출발점에서 주어진 화살표대로 움직일 때, 도착하는 곳을 기호로 적으세요. Ⓒ

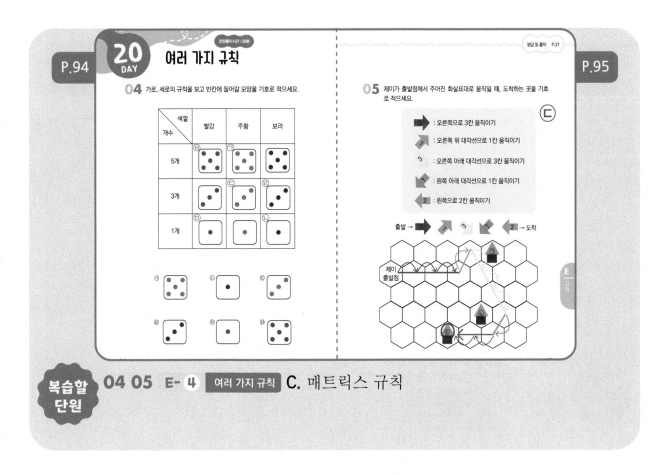

복습할 단원

04 05 E- 4 여러 가지 규칙 **C.** 매트릭스 규칙

정답 및 풀이

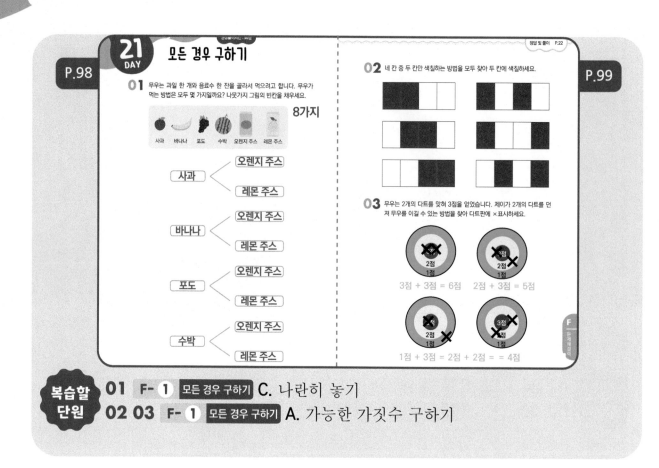

21 DAY 모든 경우 구하기

01 무우는 과일 한 개와 음료수 한 잔을 골라서 먹으려고 합니다. 무우가 먹는 방법은 모두 몇 가지일까요? 나뭇가지 그림의 빈칸을 채우세요.

8가지

사과 — 오렌지 주스 / 레몬 주스
바나나 — 오렌지 주스 / 레몬 주스
포도 — 오렌지 주스 / 레몬 주스
수박 — 오렌지 주스 / 레몬 주스

02 네 칸 중 두 칸만 색칠하는 방법을 모두 찾아 두 칸에 색칠하세요.

03 무우는 2개의 다트를 맞혀 3점을 얻었습니다. 제이가 2개의 다트를 던져 무우를 이길 수 있는 방법을 찾아 다트판에 ×표시하세요.

3점 + 3점 = 6점   2점 + 3점 = 5점

1점 + 3점 = 2점 + 2점 = 4점

복습할 단원
01 F-① 모든 경우 구하기 **C. 나란히 놓기**
02 03 F-① 모든 경우 구하기 **A. 가능한 가짓수 구하기**

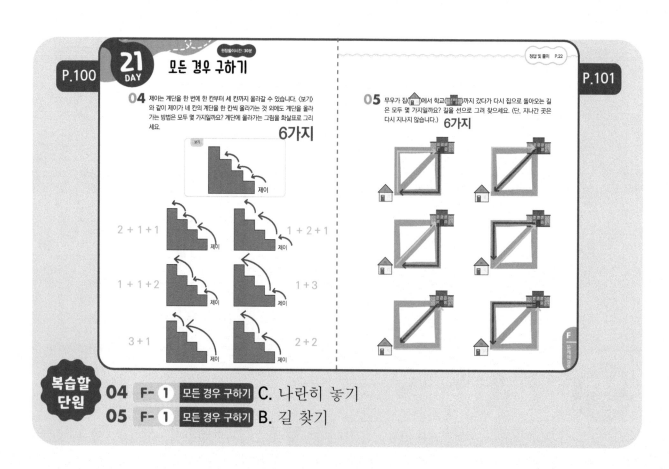

21 DAY 모든 경우 구하기

권장풀이시간: 30분

04 제이는 계단을 한 번에 한 칸부터 세 칸까지 올라갈 수 있습니다. 〈보기〉와 같이 제이가 네 칸의 계단을 한 칸씩 올라가는 것 외에도 계단을 올라가는 방법은 모두 몇 가지일까요? 계단에 올라가는 그림을 화살표로 그리세요.

6가지

보기 — 제이

2 + 1 + 1   1 + 2 + 1
1 + 1 + 2   1 + 3
3 + 1   2 + 2

05 무우가 집(🏠)에서 학교(🏫)까지 갔다가 다시 집으로 돌아오는 길은 모두 몇 가지일까요? 길을 선으로 그려 찾으세요. (단, 지나간 곳은 다시 지나지 않습니다.)

6가지

복습할 단원
04 F-① 모든 경우 구하기 **C. 나란히 놓기**
05 F-① 모든 경우 구하기 **B. 길 찾기**

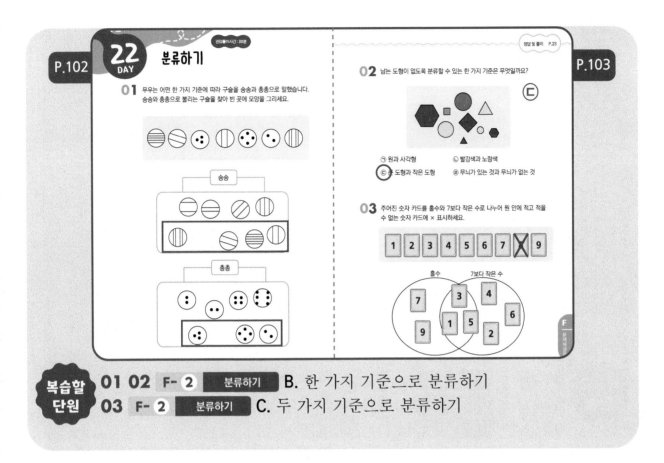

22 DAY 분류하기

권장풀이시간 : 30분

정답 및 풀이 P.23

01 무우는 어떤 한 가지 기준에 따라 구슬을 송송과 총총으로 말했습니다. 송송와 총총으로 불리는 구슬을 찾아 빈 곳에 모양을 그리세요.

송송

총총

02 남는 도형이 없도록 분류할 수 있는 한 가지 기준은 무엇일까요?

ⓒ

㉠ 원과 사각형   ㉡ 빨강색과 노랑색
ⓒ 큰 도형과 작은 도형   ㉢ 무늬가 있는 것과 무늬가 없는 것

03 주어진 숫자 카드를 홀수와 7보다 작은 수로 나누어 원 안에 적고 적을 수 없는 숫자 카드에 × 표시하세요.

1 2 3 4 5 6 7 ✗ 9

홀수   7보다 작은 수

7   3   4
9   1   5   6
    2

복습할 단원

01 02 **F- 2** 분류하기 **B.** 한 가지 기준으로 분류하기

03 **F- 2** 분류하기 **C.** 두 가지 기준으로 분류하기

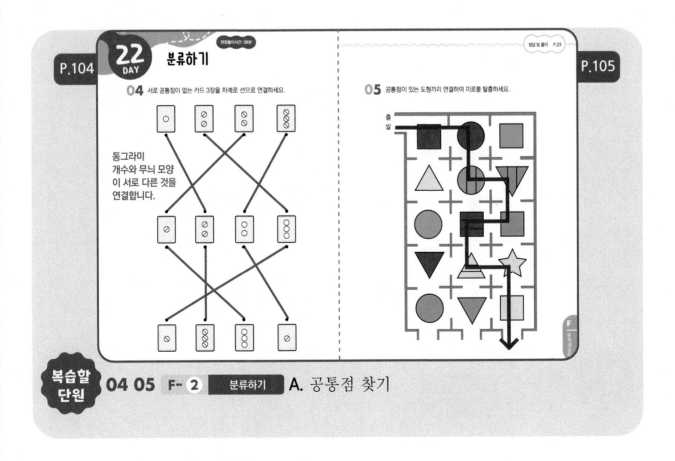

22 DAY 분류하기

권장풀이시간 : 30분

정답 및 풀이 P.23

04 서로 공통점이 없는 카드 3장을 차례로 선으로 연결하세요.

동그라미 개수와 무늬 모양 이 서로 다른 것을 연결합니다.

05 공통점이 있는 도형끼리 연결하여 미로를 탈출하세요.

출발

복습할 단원

04 05 **F- 2** 분류하기 **A.** 공통점 찾기

정답 및 풀이

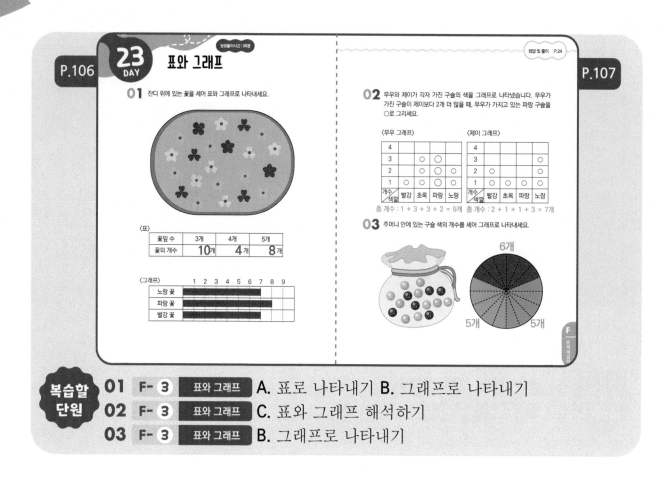

23 DAY 표와 그래프

복습할 단원

01	F- 3	표와 그래프	A. 표로 나타내기 B. 그래프로 나타내기
02	F- 3	표와 그래프	C. 표와 그래프 해석하기
03	F- 3	표와 그래프	B. 그래프로 나타내기

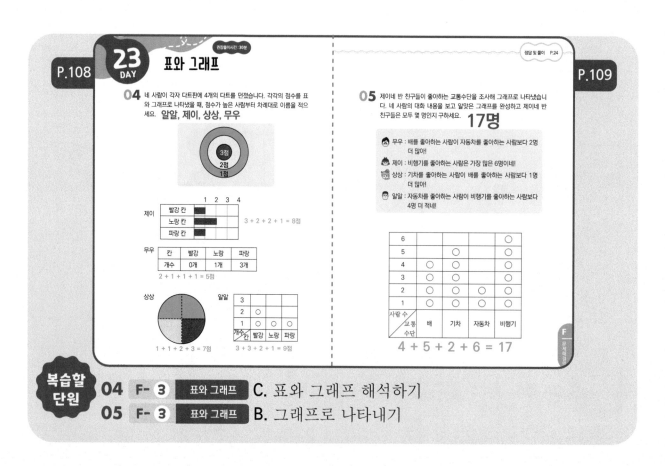

23 DAY 표와 그래프

복습할 단원

| 04 | F- 3 | 표와 그래프 | C. 표와 그래프 해석하기 |
| 05 | F- 3 | 표와 그래프 | B. 그래프로 나타내기 |

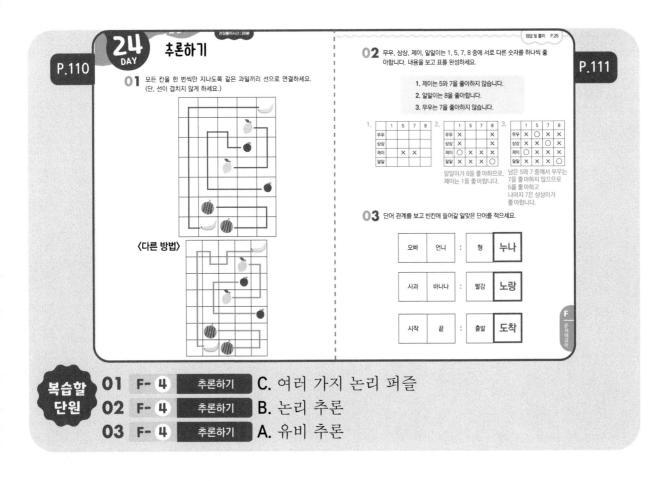

복습할 단원

01 F- 4 추론하기 C. 여러 가지 논리 퍼즐
02 F- 4 추론하기 B. 논리 추론
03 F- 4 추론하기 A. 유비 추론

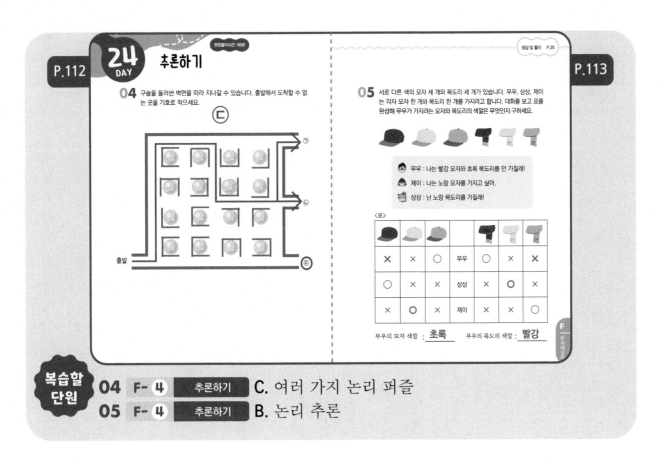

복습할 단원

04 F- 4 추론하기 C. 여러 가지 논리 퍼즐
05 F- 4 추론하기 B. 논리 추론

MEMO

창의영재수학

아이앤아이

창의영재수학

아이 앤 아이

무한상상 교재 활용법

무한상상은 상상이 현실이 되는 차별화된 창의교육을 만들어갑니다.

아이앤아이 시리즈

특목고, 영재교육원 대비서

	아이앤아이 영재들의 수학여행		아이앤아이 꾸러미	아이앤아이 꾸러미 120제	아이앤아이 꾸러미 48제	아이앤아이 꾸러미 과학대회	창의력과학 아이앤아이 I&I
	수학 (단계별 영재교육)		수학, 과학	수학, 과학	수학, 과학	과학	과학
6세~초1		수, 연산, 도형, 측정, 규칙, 문제해결력, 워크북 (7권)					
초 1~3		수와 연산, 도형, 측정, 규칙, 자료와 가능성, 문제해결력, 워크북 (7권)		수학, 과학 (2권)	수학, 과학 (2권)		
초 3~5		수와 연산, 도형, 측정, 규칙, 자료와 가능성, 문제해결력 (6권)					
초 4~6		수와 연산, 도형, 측정, 규칙, 자료와 가능성, 문제해결력 (6권)		수학, 과학 (2권)	수학, 과학 (2권)	과학토론 대회, 과학산출물 대회, 발명품 대회 등 대회 출전 노하우	
초 6		수와 연산, 도형, 측정, 규칙, 자료와 가능성, 문제해결력 (6권)					
중등				수학, 과학 (2권)	수학, 과학 (2권)	과학토론 대회, 과학산출물 대회, 발명품 대회 등 대회 출전 노하우	物理(상,하), 화학(상,하), 생명과학(상,하), 지구과학(상,하) (8권)
고등							